霍金博士說：

外星人即將侵略地球

大川隆法 著

來自小半人馬星的外星靈體，帶來光年以外的消息！
「星際大戰」即將開打？
外星人侵略地球已非空談，霍金博士的靈言，不可錯過的星際語言！

此次靈性解讀以大川隆法先生與發問者的對話形式進行，舉行於
二〇一一年四月二十日，幸福科學總合本部。

Chapter II

仙女座的總司令論述之「地球防衛論」 119

前言

至今多次的外星人靈性解讀，本會對外星人的理解已臻「星際大戰」的程度，在闡明靈性世界方面，似乎更凌駕其上。

本書的第一章是召喚了著名的宇宙物理學家史蒂芬·霍金博士的「外星靈魂」，本來我們事前預測他是引領先驅之光明天使的天才，但其結果卻出乎意料地迴異，他反而像是針對某種宇宙之惡進行著宣揚。

讀者在看完本書後，就必定會有所體會。

二〇一一年八月三十日

幸福科學集團創始者兼總裁　大川隆法

所謂「外星人靈性解讀」，即是指讀取轉生於地球的外星人靈魂的記憶，或者是調出外星人當時的記憶，藉由其意識使其講述話語。此時，外星人的靈魂將從進行靈言現象之人的言語中樞，選出必要的話語，因此可以日語進行講述。

第一章

霍金博士「外星人威脅論」的真相

史蒂芬·霍金（Stephen William Hawking，一九四二～）

英國宇宙物理學家，患有肌萎縮性脊髓側索硬化症（俗稱漸凍症），「坐輪椅的物理學家」的形象廣為世人認識。其「宇宙創造與上帝無關」及「天國與來世都不存在」等論調，飽受宗教界的批判。

（兩位提問者分別以A、B表記，收錄於二〇一一年四月二十日）

Chapter

I

1　嘗試對霍金博士進行「外星人靈性解讀」

是現代的海倫・凱勒？還是強硬的唯物論者？

大川隆法：

昨天我以「外星人靈性解讀——預知未來篇」為題，召喚出三個外星人的靈魂，並且請他們各自說出對於未來的預測。為了怕其結果不盡理想，預備要對霍金博士進行靈性解讀，但昨天並未有此需求。然而，似乎有人希望向霍金博士討教，便改於今日嘗試靈性解讀。

霍金博士是宇宙理論領域的權威，或許可說是第一把交椅，並且他也出版了眾多適合一般大眾閱讀關於宇宙的書籍。

此外，因為他罹患了漸凍症，身體行動不自由，所以日常生活離不開輪椅。目前更失去了言語機能，需要透過電腦，藉由人工音訊說話。罹患如此疾病，他本來應早已不在人世，但不知為何至今活了好幾十年。

就霍金博士的情況而言，彷彿他是以宇宙物理學家的身分，演繹現代男性版本的海倫·凱勒之姿，但他或許也可能是強硬的唯物論者。不過，從他的外表或研究主題來看，確實不乏有著外星人靈魂寄宿在他身體的跡象。總之，我感覺到他似乎並非是地球人。

因此，雖不太確定此次的作法是否妥當，但我想對於霍金博士進行外星人靈性解讀，並試著對其進行採訪。

若僅是詢問其表面意識，其回答大概不會超乎其著作內的說法，所以我想要接觸其潛在意識，說難聽一點或許就像是「駭客」（笑），藉由進入表面意識都不曉得的境界，或許能探尋到一些資訊。

霍金博士曾說過類似以下的話語：「在這廣闊的宇宙當中，或許存在著外星人，但若是可以的話，我不想相信有外星人的存在。如果外星人來到了地球，我們應該會變成當年遇見哥倫布的美國印第安人一樣。雙方科學文明程度的差異之鉅，勢必地球會被輕易地佔領，所以我不想遇見外星人，遇見了就完蛋了。」但這般發言，不曉得是否是出自其本心。

接下來，我就要來嘗試接觸其潛在意識。

能不能以日語對話，得看此人靈魂的認識力。因此，我不知道他會用日語、英語或是外星語說話。為了避免先入為主的成見，本次同樣事先沒做過任何調查，所以不曉得會是怎樣的狀況。

假使他想用英語講述天文學或宇宙物理方面的專業術語，很遺憾地，我的英語程度要完整傳達如此靈人的思想，恐怕有點困難。光是要用一般的詞彙，去傳達類似的內容就很吃力了，對於太過於涉及專業領域的內容，我可能無法完整地表達出來，關於這一點還請多見諒。這次的採訪大概會像是一位普通日本人，對其進行訪問的內容。

我想霍金博士現在應該是在英國，我試著先以遠距離透視，來查看他身體當中是否寄宿著外星人的靈魂。如果沒有發現外星人的靈魂，我們就從其潛在意識，也就是靈魂兄弟姊妹當中，找出對於宇宙事物最為熟悉之人，抑或是叫出現今對他進行指導的守護靈，並對其詢問。

以英語開始講述話語的霍金博士的「外星靈魂」

大川隆法：

那麼，我就要來進行遠距離透視。

（雙手交叉，閉眼。沉默約六十秒）

我看見一道身影，穿著太空服，在離開太空船的地方漫步於太空之間。霍金博士本人不可能以太空人之姿前往太空，但我想他正進行著某種太空體驗。

這可以視為他的靈魂當中，有人曾經歷過太空旅行。推測霍金博士的潛在意識當中，存在著曾進行過太空旅行的外星人靈魂。

那麼，我就試著呼喚出那個外星人靈魂。（面對司儀與提問者）之後就請你們進行發問了，我會盡可能地將其呼喚出來。

（雙手胸前於交叉，閉眼）

利安托．阿爾．克萊德啊！（注一）、愛德家．凱西啊！（注二），請你們協助我。

宿於太空理論領域的世界權威，史蒂芬．霍金博士內心的外星靈魂啊！宇宙的意識啊！宿於霍金博士內心的外星人靈魂啊！請超越那海洋及天空，降臨於這日本此地，為我們講述幽浮與外星人的真相吧！

宿於霍金博士意識當中的外星人靈魂啊！請降臨於日本，在這幸福科學總合本部當中，告訴我們你對幽浮與外星人的見解吧！

我們是研究幽浮、外星人、宇宙論的人們，但願你能對我們的研究提供協助。

流入霍金博士的外星靈魂、流入霍金博士的外星靈魂。

（約五十秒的沉默）

司儀：你好，請問是霍金博士嗎？

霍金博士的外星靈魂（以下略記為「博士的外星靈魂」）：喔……。喔……。嗯嗯。嗯～，啊～。

司儀：你可以說話嗎？

博士的外星靈魂：啊～。嗯～。嗯～。嗯～。啊～，嗯～。

司儀：現今地球上的霍金博士沒辦法用自己的嘴巴說話，不過現在你正做為靈魂進入大川隆法先生的體內，若是你有任何想法，應該是可以講得出來。

博士的外星靈魂：嗯～？嗯～？嗯～。

大川隆法：你試著用英語提問看看。

口譯者：Do you speak English?（你會講英文嗎？）

博士的外星靈魂：Yes.（會）

口譯者：Do you understand Japanese a little bit?（你能講些日語嗎？）

博士的外星靈魂：嗯～？Ja、Ja、Ja、Ja、Ja……

口譯者：Japanese? Easy Japanese?

博士的外星靈魂：Ja、Ja、Japanese?

口譯者：Yes.（是）

博士的外星靈魂：啊～，嗯～～。Ja、Ja、Ja、Ja、Japanese?

口譯者：Yes.（是）

博士的外星靈魂：Japanese……嗯～～。

口譯者：Is it difficult for you to speak Japanese? We try to communicate in English, so please answer our questions.（講日語有困難嗎？那麼我們用英語提問，請回答我們的問題）

博士的外星靈魂：I understand. I want to talk. I need a machine.（我明白了。我想說話。我需要器材）

Before asking me, could you cure my disease? Are you a religious person?（在問我問題之前，可以先治好我的疾病嗎？你是宗教家嗎？）

口譯者：Yes.（是）

博士的外星靈魂：Can you heal my serious disease? Please remake my

body, so I can speak fluently. Please heal me.（你能治療我的難癒之患嗎？請改變我的身體，好讓我能順暢講話。拜託請治癒我的疾病）

口譯者：（進行療癒疾病的修法「愛爾康大靈痊癒」）

博士的外星靈魂：Oh, no. You can’t be a master. I feel no healing power.（喔！不！你無法成為導師。我感覺不到任何痊癒力量）Oh! A little light. It’s nice.（喔！我感受到一點光明了。感覺不錯）

口譯者：Do you feel the warms?（你感覺到那股溫暖了嗎？）

博士的外星靈魂：Yes. Warmer and warmer. What a feeling!（是的。越來越暖和了。這是多麼好的感覺呀！）（擺動手腳）Oh! It’s moving! I can touch!（喔！我能動了！我有觸覺了！）Wonderful! The genius!（太美妙了！你是天才！）

口譯者：Congratulations.（恭喜你）

博士的外星靈魂：Why? Why? Why? Happy Science?（為什麼？為什麼？為什麼？這裡是幸福科學？）

口譯者：Yes. Happy Science.（是的，這裡是幸福科學）

博士的外星靈魂：Oh! Science! Great science! You are in medical center, right?（喔！原來是科學！偉大的科學！你一定是醫療中心裡的人吧？）

口譯者：No. We are a religious group.（不，我們是宗教團體）

博士的外星靈魂：Religious group……Magician?（宗教團體……你是魔術師嗎？）

口譯者：Not a magician.（我不是魔術師）

博士的外星靈魂：Oh. No（不是嗎？）

口譯者：We have the healing power through the faith in El Cantare.（我們透過對愛爾康大靈的信仰而獲得療癒的力量）

博士的外星靈魂：I don't know.（我不知道你在說什麼）You need Japanese?（你們需要用日語溝通吧？）Japanese. Japanese. Japanese. Japanese. Translation. Translation. Translation. Translation.（日語。日語。日語。翻譯。翻譯。翻譯。翻譯）OK. Try it again in Japanese.（沒問題了。用日語再試一次）

2 關於來到地球為止的經歷

逐漸甦醒的「外星記憶」

司儀：今日我們希望向霍金博士的外星靈魂，請教關於幽浮與外星人的問題。

博士的外星靈魂：嗯～～嗯～～我明白，明白，明白。

司儀：你聽得嗎？好的，謝謝。

博士的外星靈魂：明白，我懂。

司儀：那麼，接下來就由提問者開始發問。

博士的外星靈魂：Speak slowly in Japanese, OK?（請用日語慢慢講）

A：好的，初次見面，你好。我是ＩＴ傳道局的〇〇，請多指教。

博士的外星靈魂：喔～～哈～～〇〇小姐？

A：沒錯，我叫〇〇。念小學的時候，我曾經去過劍橋大學。

博士的外星靈魂：You are a genius.（那妳應該是天才）（全場笑）

A：

那時我參觀了研究宇宙事物的研究室，並觀看了天文望遠鏡，記得還與幾位日本籍的研究人員講過話。

當時我母親要在英國舉辦音樂會，順道帶我同行。聽說那時候霍金博士本來預定參加我母親的音樂會，但您因為受傷而臨時取消行程，最後沒能到場。我聽說霍金博士非常喜愛音樂以及很喜歡日本。

當年錯失與您見面的機會，如今能夠面對面談話，我深感榮幸，非常謝謝您。

博士的外星靈魂：嗯，我大概聽得懂一半……。算了，總而言之，妳很開心？

A：是，當時我很開心，現在也很開心。

博士的外星靈魂：You are a very intelligent lady.A little different from usual human beings.（妳是一個非常有智慧的女性，與一般人不太一樣）

司儀：不一樣嗎？有怎樣的不同呢？

博士的外星靈魂：Tail. Tail. Tail.（尾巴、尾巴、尾巴）

司儀：She has a tail?（她有著尾巴？）

博士的外星靈魂：Yes.（對）

A：（苦笑）您看到我身上有條尾巴嗎？

博士的外星靈魂：Yes.（對）Not the tail of Satan.（不是惡魔那種尾巴）而是○○蜥蜴。（全場笑）

司儀：也就是說，你看見他的靈體有著外星人的樣貌囉？

注 A在之前的外星人靈性解讀中，判明為是從麥哲倫星系中齊塔星來的翼龍型爬蟲類外星人。參照《與外星人的對話》［幸福科學出版］第三章。

博士的外星靈魂：我越來越聽得懂了。

司儀：越來越聽得懂嗎？這樣啊？

博士的外星靈魂：我越來越明白了。我的使命？我被召喚的理由？我大概都明白了。

司儀：原來如此。

博士的外星靈魂：（望著天花板）現在各種各樣的「翻譯者」到了我的身邊，並開始跟我說著許多事情，所以我漸漸明白了。你們正在研究外星人，對吧？

司儀：是的。

博士的外星靈魂：你們是NASA（美國太空總署）囉？

司儀：NASA？（全場笑）嗯，或許可以說是日本的NASA吧！雖然真實身分是幸福科學。

博士的外星靈魂：果然是NASA喔！嗯嗯，我懂了。原來我是被NASA給找來的。假如你們打算成立日本的NASA，那我得幫忙才行。

司儀：既然提到了這話題，那我就順便請教，霍金博士你來自宇宙嗎？

博士的外星靈魂：我？我是歐洲人。

司儀：歐洲人啊！

博士的外星靈魂：我在歐洲出生的啊！你問這是什麼話？

司儀：你是否有「從宇宙來到地球」的記憶呢？

博士的外星靈魂：嗯～「從宇宙來到地球」是什麼意思？

司儀：是否能請你試著回溯你自己的記憶？你是否還記得剛來到地球時的情形？

博士的外星靈魂：回溯到最早的記憶，不就是嬰兒時期嗎？

司儀：的確沒錯，但應該還有更久之前的記憶。

博士的外星靈魂：更久之前？比嬰兒還早，那就是精子或卵子狀態囉！精子或卵子狀態之前又是什麼呢？不就是爸爸或媽媽嗎？

司儀：請不要考慮理論的問題，只要描述出腦中浮現的影像即可。在你做為霍金博士誕生至地上前，是否還有別段人生經歷？

博士的外星靈魂：好難啊！你說的東西好難懂！

司儀：很難嗎？

博士的外星靈魂：有人能聽懂你說的嗎？我不是笨蛋，還是因為今天是用日語談話？

司儀：這樣啊！

博士的外星靈魂：即便是用英語表達，恐怕也會一樣困難。

司儀：你明白輪迴轉生的概念嗎？

博士的外星靈魂：什麼？我大概知道。

司儀：就是Reincarnation。

博士的外星靈魂：我知道啊！不過這裡是英國耶！啊，不，不對。這裡是日本呀！但對英國人而言，這個話題可能就聊不下去了。

司儀：那我就直接問了吧！你心中是否藏有宇宙的記憶？

博士的外星靈魂：宇宙的記憶嗎……？（約十秒的沉默）嗯，有。我感覺到有著某種模糊的記憶。

司儀：你心中有浮現什麼光景嗎？

博士的外星靈魂：細長型的東西正飛翔著。不對，比較像是奔馳的感覺。細長的物體在太空中奔馳，類似新幹線的物體正劃過太空。那是什麼？總之就是某種細長型的物體，飛在可以看到星星的空間中。

司儀：有人坐在裡面嗎？

博士的外星靈魂：有嗎？嗯～。我怎麼會看到這樣的景象呢？嗯～很長的東西。

司儀：博士你是太空當中？還是身處於某個星球上呢？

博士的外星靈魂：嗯～我現在正看著呢！為什麼我有辦法看到呢？類似新幹線的物體正奔行在太空中。

司儀：周遭還有其他東西嗎？

博士的外星靈魂：只看到無數的星星。

司儀：只有星星啊？

博士的外星靈魂：嗯，全都是星星。

外貌特徵為「垂直細長的大眼」與「兩根觸角」

司儀：只有你獨自待在那個地方嗎？

博士的外星靈魂：我看不見自己的模樣。

司儀：看不見？能否仔細地找找？

博士的外星靈魂：我看不見自己的樣子。不過，我好像是透過窗戶往外看，我應該能在窗戶上尋找映射的影像！

司儀：的確是。

博士的外星靈魂：照在窗戶上的我該是什麼樣子？

司儀：長相、身形是怎樣的呢？

博士的外星靈魂：嗯～。（約十秒的沉默）長得有點像外星人。

司儀：是什麼樣的外星人呢？

博士的外星靈魂：腳看得特別清楚，我看到有腳。

司儀：有幾隻腳呢？

博士的外星靈魂：兩隻啊！看起來跟超人的腳很相似。

司儀：穿著長靴之類的？

博士的外星靈魂：嗯，沒錯、沒錯。

司儀：是否還穿著緊身褲，或是很貼身的服裝？

博士的外星靈魂：對、對。雙腳看起來就像超人那樣。下半身類似那種模樣，上半身又是如何呢？上半的部分……這該怎麼形容呢？上半身不太一樣。不像超人，也不是人類的模樣。

司儀：不是地球人的模樣？

博士的外星靈魂：嗯，不是人類的樣子。

司儀：像動物嗎？

博士的外星靈魂：嗯～胸膛很寬，有手，不過臉不像人類，不是人類的臉，嗯……。有兩隻手、兩隻腳，像超人那樣直直站著，但不是人類的臉。跟人類不一樣，怎麼說呢？眼睛很大，嗯～這個嘛！有點像蜜蜂，類似昆蟲，也像貓頭鷹。雙眼垂直細長，而且眼球好像由小小的發光細胞組合而成。

司儀：眼睛有什麼特徵呢？

博士的外星靈魂：頭上好像還長了兩根觸角。

司儀：背上有長東西嗎？

博士的外星靈魂：背上？

司儀：對，例如翅膀。

博士的外星靈魂：（約五秒的沉默）嗯～背後的話……好像穿著類似斗篷的衣服。

司儀：什麼樣子的斗篷？

博士的外星靈魂：就像那個，大學畢業典禮時穿的那種斗篷。

司儀：不是翅膀嗎？

博士的外星靈魂：不是翅膀，是斗篷。

司儀：有頭髮嗎？

博士的外星靈魂：沒有頭髮啊！沒有頭髮，而是……這怎麼形容呢？不是頭髮…。（約十秒的沉默）嗯～感覺好像是光溜溜的，感覺光溜溜的。

司儀：皮膚是什麼顏色？

博士的外星靈魂：膚色嘛……像是綠色摻雜著灰色的顏色。然後，眼睛像燈泡般發光，不曉得這是本來就有的，還是裝了什麼東西。

司儀：像是某種機械設備嗎？

博士的外星靈魂：不，我認為不是機械，嗯～好像是很特別的東西。

司儀：身高大約多高呢？

博士的外星靈魂：身高？嗯～大概六英呎（約一八〇公分）。

曾被召喚至非洲多貢族擔任老師？

司儀：你的周遭沒有任何人嗎？

博士的外星靈魂：等等喔！嗯～方才我從窗戶往外看，我好像是待在船上。嗯～應該有人在，我想是有人的。嗯？（約五秒的沉默）爬上階

「小半人馬星人」想像圖

梯，前往艦橋……。不過艦橋裡是巨大的人工智慧，這艘船是靠人工智慧運轉的。

司儀：船的司令官是電腦，也就是人工智慧嗎？

博士的外星靈魂：嗯，船的運作就靠人工智慧操控。我還在尋找除了我以外的人…。嗯~好像只有我一個。這代表我獨自離開那班「列車」的意思嗎？我真是被搞糊塗了，得有人幫我才行。這是什麼？新幹線有通行到太空嗎？

司儀：太空中沒有新幹線，或許是太空船在飛。

博士的外星靈魂：我看到一個細長的東西在奔馳啊！很長很長的東西，好幾百公尺，或許有一公里長。

司儀：你知道它是為了什麼而往那個方向飛嗎？

博士的外星靈魂：我好像就是從那裡轉乘到這裡的。我現在應該身處在幽浮上吧？原來是因為這樣，所以大家才目送我離開啊……。

司儀：大家在目送著你嗎？

博士的外星靈魂：我應該是轉乘到這個幽浮了，而這個幽浮是靠電腦系統，以自動控制航行。嗯～好像正打算把我載往某個地點，感覺有一個目的地……。（沉默約十五秒）嗯～好難啊！這應該是在我來到地球之前的事。

司儀：你正在前往地球嗎？

博士的外星靈魂：可能吧！我是一個人被扔下列車的啊！嗯～真是奇

怪！為什麼呢？太奇怪了，到底是有何理由？啊！我看見地球了。

司儀：你看見地球了嗎？

博士的外星靈魂：嗯，看到了、看到了，越來越接近，很藍、很強烈的光芒。我看到非洲大陸了。

司儀：是非洲大陸嗎？

博士的外星靈魂：嗯，非洲大陸的形狀，看得非常清楚。啊！我感覺越來越近了。

嗯？嗯？嗯？我聽到人們喊著「多貢」（注三）、「多貢」的聲音。

司儀：你有看到多貢族人嗎？

博士的外星靈魂：那些人好像是喊我為老師。呃，我好像不只是教導多貢族，我自己應該也是多貢族人吧！好像有人為了去教育地球人，先行前往地球，但那些先到達的人們開始退化，變成了原始人，所以我做為老師被召喚至地球，教導人們宇宙文明。

司儀：你的學生都是地球人嗎？

博士的外星靈魂：嗯，地球人還有早期移民的多貢族。

司儀：現今非洲大陸的沙漠化越來越嚴重，文明也很落後，你剛來地球的時候又是如何的呢？當時非洲具備著最先進的文明嗎？

博士的外星靈魂：非洲可是充滿著綠意啊！嗯。啊～這些人不行啊！他們想要問我些什麼啊？

為了逃離侵略者而來到地球

司儀：順便一問，你知道那些外星人的名字嗎？

博士的外星靈魂：嗯？嗯？

司儀：或者是你知道你原本所待的星球的名字嗎？

博士的外星靈魂：（約十秒的沉默）：我好像跟這個人（A）的哥哥有著關係啊！不過雖說「有著關係」，卻不一定是良好的關係。我似乎差點被這個人的哥哥給吃了。

司儀：你是指發生在原本星球上的事嗎？

博士的外星靈魂：我就因此逃到地球來。

司儀：所以你不是做為老師被召喚而來，而是逃過來的？

博士的外星靈魂：一開始我似乎是逃過來的，那個人很厲害啊！

司儀：這位A和她的哥哥在外星人時期很厲害嗎？

博士的外星靈魂：她也在、她也在，長得都一樣。

司儀：也就是說，都是翼龍型爬蟲類型外星人的樣子對吧？

博士的外星靈魂：他們很厲害啊！被吃掉可就慘了，所以我就逃出來了。啊！我明白了！那個類似新幹線的交通工具裡面的人，都是逃出來的人。

司儀：大家都逃出來，所以故鄉星球滅亡了？

博士的外星靈魂：不，我們是會被當做糧食，所以就逃跑了。對方太厲害了，敵不過他們。

故鄉星球名為「小半人馬星」

司儀：你能夠回想起原本星球的名字嗎？

博士的外星靈魂：星球的名字？星球的名字啊……。（沉默約十五秒）嗯～聽起來好像是「小半人馬星」。

司儀：有一個叫做「小半人馬星」的星球是吧？

博士的外星靈魂：嗯~確實有個星球叫「小半人馬星」。

司儀：那個星球位於半人馬星座當中嗎？

博士的外星靈魂：嗯~嗯~我知道它被稱作「小半人馬星」。（以下將博士的外星靈魂標記為「小半人馬星人」）

司儀：那個星球上居住著與你同種族的外星人吧？

小半人馬星人：對，外表類似地球人，只有臉孔不一樣。眼睛跟這一帶有點不一樣（用右手撫摸頭頂長出鬍鬚觸角的地方）

司儀：我明白了。

小半人馬星人：我越來越明白了。我是個老師啊！我曾經教過數學，我原本是數學老師。但是有人侵略我的星球，攻勢非常強烈，大家都受不了而逃出來，而我則是逃亡到地球的其中一個。可是，為什麼我搭乘著幽浮呢？其他人都去了別的地方嗎？我為何搭著幽浮……。啊～對了，是多貢族叫我過來的。

司儀：你是受到了多貢族的召喚啊！

小半人馬星人：嗯，他們希望有人教他們數學，所以找我過來。

司儀：我明白了。

3 外星人會侵略地球嗎？

外星人侵略地球的時期為「二〇三七年」

司儀：透過前段對話，我們大致掌握到了霍金博士的靈魂特質，接下來進入正題。（對A說）請發問吧！

A：現今外星人有對霍金博士本人教導任何東西嗎？

小半人馬星人：

他本人沒有直接看過外星人，但雖然沒有直接看過，但能獲得靈感，也就是常有靈光乍現的情形。

我感覺到有人試圖告訴我一些事情，似乎有某個任務要執行。

不過，那個任務是什麼呢？那個任務嘛……。「務必要快點理解宇宙理論，若不趕緊加入宇宙的行列中，地球就會發生危險」好像有人這般催促著我。

嗯~地球會被欺負。這個人（A）的眾多夥伴很快就會來了，必須要趕緊努力才行……。

司儀：原來是必須要加緊努力啊！

小半人馬星人：地球人有可能會變成像飼養雞隻一般，被當成食物吃掉。

司儀：該怎麼做才能避免那種情形發生呢？

小半人馬星人：首先必須要學習才行。

A：什麼樣的學習？

小半人馬星人：必須要鑽研宇宙科學，盡早提升知識層級，並且研發出宇宙航行技術，否則就會被欺負，時間所剩無幾了。

A：大約還剩下多少時間呢？

小半人馬星人：他們在等待地球人口增加，他們把人類看做是大量的糧食來源。

（對A說）到時候不要把我變得太美味啊！

A：（苦笑）我沒有！

小半人馬星人：這種人轉生成地球人，進而於地球進行調查。

司儀：你能看見未來嗎？

小半人馬星人：未來？看得見、看得見，我看得見。

司儀：具體會是什麼時候呢？

小半人馬星人：咦？什麼？

司儀：外星人攻打地球的時間。

小半人馬星人：你是想要問地球人被吃掉的時間嗎？

司儀：我是問外星人攻打而來的時間。

小半人馬星人：不要說是攻打而來了，光是來到地球就很恐怖啊！他們來的時候會像「群」（Legion）一樣。

注 《新約聖經》中提及兇暴的惡靈集合體之名。

司儀：什麼？

小半人馬星人：群（Legion），也就是惡魔的軍隊啦！彷彿大批的蝗蟲，一現身就很恐怖，一來就是幾千、幾萬艘太空船，根本一點辦法也沒有。日本的自衛隊根本無法對抗，只能投降，美國也是一下子就被鎮壓。

司儀：那會是什麼時候呢？

小半人馬星人：若以西曆來算的話是兩千……。（約十秒的沉默）今年是西元幾年？

司儀：二〇一一年。

小半人馬星人：二〇一一年……。（約五秒的沉默）我去看年曆就可以了吧？（約五秒的沉默）

小半人馬星人：「二〇三七年」。

司儀：二〇三七年嗎！

小半人馬星人：二〇三七年，太空船會像蝗蟲一樣，大量佈滿天空。

司儀：是指整個地球嗎？

世界各地發生的戰爭將成為外星人介入地球的藉口

小半人馬星人：與其說是整個地球，首先他們會為了優先破壞地球的戰鬥能力，在全世界同時破壞主要國家的政治情報、軍事指揮命令系統。並且，在二〇三七年之前，人類會開始興起戰爭。

司儀：哪裡會發生戰爭呢？

小半人馬星人：人類自己的國家與國家之間打仗。

司儀：你知道是哪個國家嗎？

小半人馬星人：其中一個是以以色列為中心的戰爭，另一個則是中國興起的戰爭，而美國與這兩方都有關連。除此之外，印度也會打仗，印度與巴基斯坦。巴基斯坦被夾在印度跟中國之間，好像很困擾的樣子。非洲這邊亦將出現「新的拿破崙」，有人想出來統一非洲大陸，進而引發戰爭。

司儀：你是指拿破崙會轉生下來嗎？

小半人馬星人：我認為會出現類似拿破崙的人。在二〇三七年之前，世界各地會出現許多戰爭。之後外星人就以這些戰爭為藉口，介入地球干涉。

守護地球的行星聯盟軟弱到「很快就會畏戰逃跑」？

司儀：發動攻擊的是惡質的爬蟲類型外星人嗎？

小半人馬星人：他們是主力。

司儀：據我所知，宇宙當中存在著「行星聯盟」、「宇宙聯盟」，這些良善的外星人會保護地球。

小半人馬星人：啊～他們太軟弱了、非常非常地軟弱。

司儀：我還聽說地球今後將開始與良善的外星人進行接觸。

小半人馬星人：他們會逃跑的啦！絕對沒錯。

司儀：他們會逃跑嗎？

小半人馬星人：肯定逃跑，因為他們有其他地方可躲啊！地球人無處可逃，但他們有地方躲。地球人是逃不了的，所以要趕快製造火箭，盡快研究出新的「諾亞方舟」，努力讓人類能夠逃到那個行星聯盟那邊才行。

不消一個禮拜，地球就會被佔領？

司儀：所以你原本待的星球也遭遇同樣的情形？

小半人馬星人：嗯，地球的人口離一百億不遠了。根據「宇宙的規範」，行星人口到達一百億時，可以縮減至十億人左右。

司儀：為什麼呢？

小半人馬星人：至少要留下一成。

司儀：為何會有那種規定呢？

小半人馬星人：留下一成，好讓物種留存。

司儀：這是哪裡來的規定？

小半人馬星人：可以說是佔領的規定。

司儀：宇宙當中有「佔領的規定」嗎？

小半人馬星人：嗯，「要佔領星球也無所謂，但是必須留下一成不吃，或者讓他們逃走」就是這樣的規定，也就是說「為了避免物種滅亡，不可以全部殺光」……。

司儀：與其說是宇宙的規定，應該是惡質的爬蟲類型外星人訂的規定吧！

小半人馬星人：嗯，爬蟲類型外星人自己也被這個規定綁住。

司儀：所以你是為了讓地球人得以逃跑，所以才來到地球，現今研究著宇宙物理學嗎？

小半人馬星人：我是前來協助宇宙理論得以進化的其中一人。

司儀：但是人類只剩逃離地球一條路可走嗎？

小半人馬星人：嗯，因為絕對打不贏啊！

司儀：絕對贏不了嗎？

小半人馬星人：嗯，絕對。

司儀：為什麼打不贏呢？

小半人馬星人：就像當時哥倫布登陸西印度群島，只花五十美元就買下整個美國的土地一樣，地球只能任他們為所欲為，就連美軍也無力抵抗。雖然現在已經有不少人獲得靈感，製作能夠讓地球人認識外星人的電影，但我想他們只需要大約一個禮拜的時間就能佔領地球。

司儀：一個禮拜嗎……？

小半人馬星人：一週之內就會被佔領。

小半人馬星人的對策建議

①藏身於敵人攻擊無法產生影響之處

司儀：這番內容著實有些灰暗。能否提供些許「材料」，好讓我們能描繪光明的未來呢？

小半人馬星人：做為加以對抗的策略，或許可召喚有能力抵抗的外星人前來擔任守護者。

司儀：你是否知道可召喚哪種外星人才好呢？

小半人馬星人：

（打噴嚏）我怎麼會打噴嚏呢？是因為冷嗎？怎麼會感受到寒意呢？

我跟你說，動物在知道無法抵抗的時候，其中一個方法就是「躲起來」。

大自然當中，有些動物有著保護色，有些則是有著躲在洞穴的習性，各有各的辦法。就像這樣，研究出「哪裡可以躲避敵方攻擊」，也是應對的策略之一。

另一個方法就是研究敵人的弱點。所以找我其實是沒用，（指著A）研究這類人的潛在意識，調查躲藏在哪裡才更重要。

司儀：這能夠成為抵抗對策嗎？

小半人馬星人：沒錯、沒錯。必須要觀察他們有哪些形式的攻擊，調查怎樣的場所可以避開那些攻勢，並且在那邊建造躲避基地才行。

司儀：嗯～。我明白了。

小半人馬星人：核子武器沒辦法對付外星人，根本沒用。核武不是都要靠電力控制嗎？外星人會先把電力系統全都毀掉，人類的指揮命令系統會瞬間遭受破壞。所以核武根本派不上用場，噴射戰鬥機也是一下就會墜毀，想都不用想。

司儀：關於對抗外星人的力量，你知道有什麼樣的原理技術嗎？

小半人馬星人：外星人擁有干擾電力系統的力量，所有測量儀器都會失去作用。所以飛在天上的戰鬥機會墜落，地上藉由電腦控制運作的各種軍事設備也會無法動彈，地球現有的防衛系統都發揮不了作用。他們擁有著能徹底掌控電力系統的技術，地球人剎那間就會被解除武裝，所以很難有取勝的方法。

小半人馬星人的對策建議

②研究能傳染給外星人的疾病

小半人馬星人：地球人必須思考如何存活，嗯～不提供糧食也是一個可行的方法。

司儀：不提供糧食是什麼意思？

小半人馬星人：就是不要成為外星人的糧食。老實說，反正人類終究要成為外星人的飼料，不如乾脆變成……嗯，日本有一種殺那個什麼來著的產品？叫做「不求貓」？

司儀：「不求貓」？

小半人馬星人：「不求貓」是用來殺老鼠的吧？不對嗎？是殺蟑螂的？

司儀：是驅趕老鼠的藥劑。

小半人馬星人：老鼠？反正就類似這樣，多創造一些吃了會死掉的人出來。在即將成為糧食的地球人身上，植入足以對付外星人的惡性病毒，讓外星人吃了就死掉。

司儀：也就是要讓他們打退堂鼓是吧？

小半人馬星人：啊～沒錯。當他們發現地球人變得不能吃，地球變成「沒有糧食」的話，外星人就會離開，未帶有惡性病毒的人們躲起來的話就能得救。

司儀：這就是你所說對抗外星人侵略的辦法……？

小半人馬星人：

反正用武器打不贏，怎麼樣也打不贏，科學技術的差距太大了。

不過，既然外星人是肉食性，所以就很難對抗帶有病原菌的肉。因此，地球人要去研究能夠傳染給外星人的疾病。

而下一步就是，雖然很不想變成這樣，也就是抽籤抽到的人，在其身上注射病毒。最好不是那種注射之後馬上發作，而是注射進體內一段時間，才會產生效果的那種病毒。然後讓這些帶原者在恰當的時機，主動出面成為外星人的餌食。

等到病情發作，外星人眼見大量同胞一個接著一個病死，進而他們就會認為「這個病毒流行於整個地球」進而主動撤退。除此之外就只能躲起來了。

小半人馬星人的對策建議
③創造嶄新的能源供給機制

小半人馬星人：此外，地球上到處都得仰賴電氣系統，例如上一次地震時，電力系統出了問題，造成不少麻煩，所以人類必須預先架構一個不用電力，但卻能運作系統的方法。

A：例如那是怎麼樣的系統？

小半人馬星人：（對A說）若是跟妳說不就走漏風聲啦！

A：（苦笑）

司儀：不、不，她跟我們是同一邊的。

小半人馬星人：同一邊？確定？

司儀：她屬於會保護地球的這一方。

小半人馬星人：是嗎？當真？

司儀：是的，沒有問題。

小半人馬星人：

外星人對電力系統真的很有辦法，嗯……。

總之，地球人必須事先準備好，在諸如前次地震時，電力系統全都失效的狀態下，還能夠維持生產活動的機制。所謂的電力，也不過是最近一百年左右發明的東西，肯定還能找到別種能源。

至於電力以外的能源嘛……嗯～或許需要去研究鈾以外的某種物質，抽取轉換能源的方法。

藉由化學反應產出能源的方式也可以，現今不就已經知道某些種類的藥劑混合之後就可以產生熱能嗎？必須研究出這類萃取能源的方法，否則就糟糕了。

現在不是有利用氫推動的汽車嗎？

司儀：確實有。

小半人馬星人：對吧？燃燒氫產生動力，副產物只有水。類似那種作用就是一個研究方向，將氫動力應用到各種方面，同時做好從淡水獲取氫的供應系統，如此一來，就算電力系統失效，許多重要裝置依然能維持運作。諸如此類，善加脫離對電力系統的依賴，他們就無法全面性地破壞。

司儀：我們有辦法反擊嗎？

小半人馬星人：雖不能反擊，但有辦法生存。現今電氣系統的運作，都必須仰賴東京電力提供電力。屆時這些全都會被外星人停掉，所以地球人必須以住家或建築物為單位，研發出各自的能源系統。或許最終還是要轉化成電力使用，但人類還是有必要去研發非電力的能源。他們將集中破壞電力系統，他們有著很強大的力量，很是危險。

4　小半人馬星人擴大「猜疑之心」

「爬蟲類型外星人的亞種」螳螂型外星人

司儀：（對B說）你有什麼問題要問嗎？

B：霍金博士，感謝您來這裡為我們解惑。我叫做○○，請多多指教。對於如何對抗邪惡外星人的方法，是否還有什麼能告訴我們的呢？

小半人馬星人：你曾經被外星人綁架過好幾次啊！都被帶走好幾次了，還問什麼呢？你的底子都被摸透了。

B：是這樣嗎？雖然我自己也有點感覺……。

小半人馬星人：你已經被徹底研究過了，你最好去檢查一下自己的身體，你的體內被放了很多東西。你變成白老鼠了，已經是白老鼠了。而幸福科學早就被調查過了，很危險啊！

司儀：你知道是被哪種外星人調查過嗎？

小半人馬星人：跟這個人（A）屬於不同種族，此人（B）的樣貌已經改變了啊！看起來跟人類不一樣。

司儀：已經不是地球人模樣了？

小半人馬星人：嗯，不是地球人的樣子，他已經變成螳螂的樣子囉！不是有一種螳螂型外星人嗎？

司儀：螳螂型外星人？

小半人馬星人：嗯，有這種外星人，算是爬蟲類型外星人的亞種，被稱為螳螂型外星人。沒發現他越來越接近那樣子嗎？

司儀：越來越像了嗎？

小半人馬星人：因為被他們放了東西進去。

司儀：那個外星人已經好幾次……。

小半人馬星人：帶走過他喔！綁架他好幾次。

司儀：目的是為了蒐集地球的情報？

小半人馬星人：不，我感覺到強烈的戰略意圖，幸福科學早就被鎖定了。嗯，鎖定了。這個人（B）對宇宙科學有所涉獵，並且打算執行一些任務，對吧？所以部分情報已經流到外星人手裡，地球的防衛機制從一開始就有破綻。

司儀：有破綻？可是，那不是良善的外星人嗎？應該本來是打算朝那個方向進一步指導……。

小半人馬星人：絕對是邪惡的外星人。

司儀：邪惡的外星人？

小半人馬星人：嗯，肯定是邪惡的外星人。

司儀：這樣啊……。

小半人馬星人：有很多情報員溜進來，想要阻止某些人保護地球，而這個人（B）已經被徹底調查過。

司儀：今後，〇〇先生（B）該怎麼做才好呢？

小半人馬星人：最好是出家當和尚去托缽，如此一來就能和科學無關地在宗教的路上活下去。

司儀：原來如此。也就是別在科學方面發揮力量，僅專注於宗教之路就可以了。

小半人馬星人：那也不失為一個好方法，總之他的東西全被拿走了、被掏空了。

如果讓這個人（B）加入團隊，一起討論對抗策略的話，情報全都會流出去。

司儀：這樣啊！

小半人馬星人：這人（B）被綁架了五次。

司儀：五次……。

早有螳螂型外星人潛入地球？

司儀：（對B說）可有其他問題？

B：其實我現在腦中一片空白。如此一來，我到底……。

小半人馬星人：你已經是半個外星人了，不是地球人。

B：是這樣嗎？我離開地球會比較好嗎？

小半人馬星人：也可以反其道而行，也就是釋出假情報。也就是說，假裝成為侵略者的手下，反過來竊取情報。

司儀：所以B有辦法獲取情報？

小半人馬星人：對，讓外星人以為「此人替我們工作」，就會告訴他很多事情。進而利用此人獲得的情報，由其他人來研究對策，也就是雙面間諜。

司儀：雙面間諜？如此說來，此人非常關鍵囉！

小半人馬星人：對，雙面間諜。可以對這個人施以前世催眠，從中獲得情報。之後不要再讓此人知道其他人研究出何種對策就好了。這個人被幽浮載走好多次，幽浮上乘坐著螳螂型外星人。嗯～這是別種類型的呢！

司儀：不同種的爬蟲類型外星人？

小半人馬星人：嗯，雖然是爬蟲類型外星人的亞種，不過是邪惡的。喜歡從頭開始啃食別人的爬蟲類型外星人，不太友善啊！真是對不起啊！你不是地球人。

B：我原本就不是地球人？

小半人馬星人：一開始就是外星人啊！

司儀：你知道他原本是來自哪個星球嗎？

小半人馬星人：就是螳螂型外星人啊！這個人（B）原本就是螳螂型外星人，同夥的。

司儀：也就是說，他被同種族的人綁架？

小半人馬星人：對，就是這樣，同種族綁架自己種族。故意讓他轉生到地球，獲取情報，觀察地球人的……該怎麼說才好？就像在觀察牛隻成長的感覺？所以這個人才會這麼努力想要讓地球發展與繁榮啊！因為這樣就可以增加糧食。他確實是個非常優秀的目標，從對方角度而言，算是某種菁英人士。畢竟要前來臥底，也得需要有相當的能力啊！

小半人馬星人不相信「有著信仰的爬蟲類型外星人」

A：另外想請教，你知道幸福科學當中有多少人出身自爬蟲類型外星人嗎？

小半人馬星人：你說幸福科學，是指職員？還是會員？

A：職員。

小半人馬星人：爬蟲類型外星人？（約十秒的沉默）大概一成吧！

A：可以認為他們都是良善的爬蟲類型外星人嗎？

小半人馬星人：你們歷任幹部很多都是爬蟲類型外星人，吸引了不少同類。不過可能不太能夠戰鬥啊！一下子就會舉手投降。

司儀：他們都是覺醒於信仰的爬蟲類型外星人。

小半人馬星人：恐怕會跟侵略者裡應外合。

司儀：不，他們都是有著信仰的爬蟲類型外星人，目前已將其攻擊力運用於保護主上面。

良善的外星人只剩一張嘴？

A：方才你提到「逃離地球」，我想屆時或許還有利用時光機器的方法。雖然霍金博士本人對於時光機並非抱持肯定的態度，但對於未來製造出時光機器的可能性，其發言又是曖昧不清。要如何才能穿梭時空呢？

小半人馬星人：不，地球實在是太落後了，和外星人的科學技術相比，有一千年的差距，所以已無計可施。不敢說未來沒辦法發明時光機，但至少現在辦不到。不過，或許還可以考慮「假扮成外星人」。「假扮成外星人混入其中」，這辦法或許可行。

A：該如何假扮成外星人呢？

小半人馬星人：就用你（A）假扮成地球人的方法，變成外星人啊！也就是說，逆向附體（Walk in）（注四）即可……

司儀：我們也能做到附體到外星人身上嗎？

小半人馬星人：我不知道，但簡單來說就是抓一個外星人，把自己的靈魂弄進去。

A：要如何才能見到外星人呢？

小半人馬星人：我想想喔……。（指著B）像他這麼常常被綁架，跟他一起被綁架就行了。好比捕鯊魚的時候，漁夫會在船後面綁一大塊魚肉，跑給鯊魚追。同樣道理，把「獵物」放出來，然後待在那個人的旁邊，讓外星人一起帶走。

A：我想問的是要如何才能遇到良善的外星人，而非是被邪惡外星人綁架的方法。

小半人馬星人：好的外星人都只動一張嘴啊！光是嘴巴上講著要和諧、要愛、要美，可是個個都欠缺科學性。都是一些文科的外星人，都沒學過數學與理科。

司儀：這方面你很熟悉？

小半人馬星人：什麼？

司儀：我是說對各種外星人的瞭解。

小半人馬星人：嗯~我知道有那些外星人存在，但是都沒太大本事。

司儀：你還知道他們「沒本事」？

小半人馬星人：嗯，我知道他們「沒本事」。

A：你是怎麼知道的？

小半人馬星人：很明顯啊！就算在他們面前把人給綁走，他們什麼也不敢做，根本不會出手拯救。就像日本與美國締結同盟關係，也不代表美軍一定會幫助日本一樣，宇宙聯盟裝做打算幫忙地球的樣子，但實際上不會出手。

司儀：我想那是因為爬蟲類型外星人的行為，就像調查捕鯨船的行徑一樣，遊走於宇宙協定的邊緣，導致宇宙聯盟無法出手干涉。就我所知，若是邪惡外星人發動征服地球的具體行動，在明確違反協定的情況下，宇宙聯盟就會出手。

小半人馬星人：表面上是那麼說，但背地可是進行著不同的事啊！哈哈！

司儀：有什麼事在進行著呢？

小半人馬星人：老早就開始進行了。例如你們地球人之間，早就誕生出許多和外星人之間的混血兒。藉由綁架地球人使其受孕，之後以人類嬰兒的姿態出生。現在已經出現好多這種外型是地球人，但「內容物」卻是完全不同的人。

司儀：但那些僅是部分案例，混血轉生的目的並非全都是為了侵略，並非所有外星人都是為了呼應侵略地球行動而轉生為地球人吧！

小半人馬星人：但是雖然不確定他們是什麼動機，而你們不也是不考慮善惡，看到蝴蝶就急忙拿網子追捕、見到蝗蟲就捕捉、遇見動物就舉起獵槍射殺嗎？或許他們也是抱持著類似的心態，不覺得自己在做壞事啊！英國人還會獵殺狐狸呢！他們從不覺得自己在做壞事，因為那是一種運動，也是一種嗜好。

司儀：那種惡質的爬蟲類型外星人確實存在，但是……。

小半人馬星人：

在你們地球人眼裡，兔子、松鼠、貓咪都還能算是寵物，但比這些更不重要的動物，你們連牠們是生是死都不關心。

譬如，你們抓魚吃，也不認為有什麼不對，但魚也有情緒，也感覺得到痛與苦楚。

你們也宰牛來吃，一點都不會感到良心不安，但是牛也有悲傷的情緒，豬也會難過。牠們都是有情感的，但你們還是照樣吃。那是因為動物跟你們地球人之間有著巨大的文明差距、力量差距。

同樣道理，外星人們吃地球人不會感到愧疚，並非是因為他們是邪惡的，所以才會無動於衷。而是因為雙方的文明有著劇烈差距，就知性層面來看，他們對於地球人的生死可以說是無感。

司儀：好的、好的，我明白了。

小半人馬星人：我也不想說這些難聽話，偏偏提問的人都是恐龍型跟螳螂型外星人，這也是沒辦法的事。

5 如何填補地球人與外星人的科學技術鴻溝

外星人在能使用科學技術時很是厲害

司儀：可以也讓這位口譯員提問嗎？

小半人馬星人：可以。

口譯者：還請多多指教。先前你提及「就目前地球的科學技術，難以研發出航行宇宙的技術」，我們的科學技術的確尚須精進。能否請你指點，在開發那般技術時需要具備何種想法，或必須理解何種原理呢？

小半人馬星人：

所以我就說啊！很久以前就有外星人搭乘幽浮來到了地球，但到了地球之後，大家都變成了原始人。地球有如一個黑洞，吸收並讓文明劣化，來到地球的外星人全都變得退步。

現在你們目前正向全世界介紹外星人的資訊，我認為這是件好事。如此能讓某些外星人認為地球人是「夥伴」，而主動靠近而來，屆時你們就能向對方請教。或許有人能教導你們各種各樣的事物，問他們會比較快。你們已經能發射火箭了，或許再過一陣子你們就能到達開發出宇宙船的階段。

總之，只要創造出一個友好團體，就會有人前來教導你們。對他們而言，他們必須能夠保障自身的安危，因為當他們以物質之姿現身時，就會有著肉體的弱點。

外星人做事很小心，這點從他們時常派遣小灰人這點就能看得出來。他們的力量敵不過人類，一旦被抓到恐將喪命。雖然小灰人自己的行跡曝光後，就會立刻自顧逃命，但外星人雇用小灰人前來地球調查大量情報，可在意外狀況發生時確保自己不會受傷。

也就是說，站到地球表面上有其恐怖的一面。萬一被抓起來扔進動物園裡，那可是沒人想遇見的事。

外星人在能使用科學技術的情況下很是厲害，但若是無法使用的話，就顯得十分脆弱。譬如，一個人手持機關槍時非常強大，但若是被剝個精光的話，恐怕連相撲也打不贏，外星人也是相同的道理。尤其是小灰人，恐怕拳擊手的一拳就能取其性命。有些外星人的肉體其實是很脆弱的。

地球人是否真有「原罪」？

小半人馬星人：

我不是很會講話，但你們地球人未來會變成「飼料」，成為飼料的可能性非常高。

所以我（霍金博士）才會說「盡可能地不願承認外星人的存在」。承認外星人的存在也無妨，但若是想與其締結友好關係，恐怕那就有如土著與文明人簽約。

你們有必要去確認，現今站在友好立場，想要保護地球的外星人的力量有多大。去分析這些外星人有多少戰力會比較好喔！我看你（A）就蠻厲害的喔！

A：（苦笑）

小半人馬星人：

反正地球人是打不贏的，這是基於進化的法則。強者生存，弱者毀滅。「較弱的一方發展、繁榮」的情況，絕對是維持不了多久的。

地球犯下了太多惡行了，過去有那麼多具備高度文明的外星人移居地球，結果一個個都喪失了原有的文明水準，至今無法恢復，這就是地球人的「原罪」。

無論外星人教導地球人多少高度文明，但卻持續退化，變成了原始人。用你們的話語來形容，這就是地球人的「無明」。

霍金博士身帶殘疾的真正原因

A：我相信地球人亦具備各種潛在能力，該怎麼做才能發揮那些力量呢？

小半人馬星人：

就像我先前所說的，外星人已經來到了地球，決定權都在他們手裡。

他們具備著能從遙遠星球來到地球的科學技術，在前往地球過程當中，一定曾遭遇各種阻礙，而他們皆予以完全擊退，這反映出他們的力量。在那般科學技術上的差距，就有如現在的美國第七艦隊和印地安人的戰力差異，我想那是毫無較勁的餘地。

若是看到未來美國總統，像先前海珊那樣逃進洞穴之後被揪了出來，那就實在是太丟臉！太悲哀了！

我（霍金博士）的身體現在雖然是這個模樣，也是為了展現「做為飼料並不好吃」的樣子。

司儀：原來是這樣啊！

小半人馬星人：為了避免被外星人當成飼料吃掉，營造出「身體好像有疾患，看起來不好吃」的外觀，以求自保，嗯。（對司儀說）像你，看起來就挺美味的。

司儀：是這樣嗎？

小半人馬星人：嗯。

6 對神與信仰心的看法

依靠信仰心與話語而戰的宗教家「簡直像是原始人」

司儀：你所描述的未來有點灰暗啊！

小半人馬星人：抱歉，我個性就是這樣，因為我都生病了……。

司儀：不過，會發生那樣的未來，終究還是有著前提。也就是說，或許只有地球人引發大規模戰爭，讓外星人有藉口插手時，才會變成那般未來。若是能打造一個沒有戰爭的世界，不給外星人有機會……。

小半人馬星人：我是科學家，這方面我就不懂了。

司儀：幸福科學正在世界各地推動傳道活動，以期消弭地表上的戰爭。我們認為在對地球神愛爾康大靈的信仰之下，讓世界團結在一起，這即是開拓光明未來的關鍵。

小半人馬星人：就我看，別說是外星人了，你們這應該會先被地球人給壓制住吧？我有這種感覺。

司儀：我們會奮力而戰。

小半人馬星人：你們要如何而戰？

司儀：自然還是要回歸信仰心。

小半人馬星人：赤手空拳？

司儀：我們將以信仰心及話語為武器而戰。

小半人馬星人：簡直是原始人嘛！嗯，就是原始人。「外星人」與「地球人」的關係，就像是「擁有核武飛彈之國家」對上「沒有核武之國家」。最近不是有核電廠事故嗎？光是這樣，你們就被搞得天翻地覆。要是大城市當中落下好幾顆核彈，會變成怎樣的情形？你們可以試著想像。你們無法從日本逃離到任何地方啊！

司儀：你想強調的是「力量差距就是這麼大」。

小半人馬星人：嗯，你們雖然主張「要擴大和平」、「推廣教義，讓更多人皈依」、「增加更多志同道合之士」這些東西，實際上，你們最需要明白的是「自己在精神面上已徹底受到禁錮」。

司儀：精神面上？

小半人馬星人：

如果福島發生核電廠爆炸，因為害怕輻射線污染，世界的人們紛紛逃離日本，但只有日本人自己沒有辦法逃離吧？除了一部分特別有錢的人。同樣的道理，如果換成是被核彈攻擊的話呢？情況會變得更糟糕，日本沒有一處可供逃跑。

地球人與外星人之間的力量關係，就是相同的情形。

某個國家試圖支配另一個國家時，不相干的外星人從外介入，沒人能知道那是基於善意抑或惡意。如果因此欠下人情，常常之後就會變成受到外星人支配的原因，對此你們不可不知。

司儀：明白了。

小半人馬星人認為「自己比神還了不起」

A：剛才你提及「精神面」，你是如何看待對肉眼看不到的世界以及精神力量的呢？此外，或許霍金博士的表面意識認為「造物主不存在」，但你是否暗藏著一絲「造物主說不定存在」的念頭？

小半人馬星人：地球上有著各種各樣的宗教，也有信奉造物主、一神教的教義，但從宇宙的角度來看，地球實在是太落後了。就算造物主有著力量，但外星人的力量仍居上位，相比之下，地球還是無法得救。換言之，造物主並非全能。

A：我認為宗教對於靈魂的進化有著深遠的影響。

小半人馬星人：我不太清楚何謂靈魂的進化。若將人能發揮多少程度的潛能，視為此人靈魂的進化程度，那麼關於這部分，還是留有以科學技術加以測定的可能性。然而，「能否透過科學技術去測量此人心中想了什麼，藉此來區分高下？」對此我就不是很清楚了。

A：現今你做為一個物理學家，研究著宇宙理論，你認為現代物理學的極限何在呢？

小半人馬星人：很明顯地，即便曾出現於歷史上宗教中的神明，於現代再度現身，也肯定不會比我厲害。我研究的內容、撰寫的書籍、講的話語，都是神不曾教導過的事。所以，人與神的相對力量關係，在十八世紀便徹底改變。「新一代的神」將會從宇宙降臨。

A：你不認為「凌駕於宇宙之上的神」存在？

小半人馬星人：對於地球土人來說，是聽不懂的啦！得要更加提升文明才行。

A：你連存在的可能都不敢賭上一賭……？

小半人馬星人：

地球已經落後了上千年，已經無計可施啦！不過，會這麼落後是有原因的。具備高度文明的外星人屢次地教導，但人類總是自己拉低程度。

人類有著「原罪」。若是從最初便努力提升文明程度，就不會是現在的窘境，但偏偏人類總是往後退，這都是地球人的錯。所以，除非發生了危機，否則人類就不會發奮努力，因此未來一定會發生危機。

話說回來，還是有其他星球的生物，想要住在這個地球上。

A：我們會為了地球的進化而貢獻。

小半人馬星人：不過，人類會墮落至此，不就是因為宗教的關係嗎？沒錯，我認為就是宗教害的。宗教總是與科學背道而馳，事情才會變成這樣。

A：幸福科學對科學的進化，抱持肯定的態度，更積極地予以協助。今後我們將融合宗教與科學的力量，以其能為地球的進化做出貢獻。

小半人馬星人：（指著B）你不要感覺到自己受到了打擊，放棄吧！這是命運。

司儀：謝謝你今天給予了眾多的建議。

小半人馬星人：好、好。

大川隆法：（對小半人馬星人）非常感謝你。

7 內心當中承認外星人存在的霍金博士

大川隆法：那種「自己比神還了不起」的念頭，實在是多說無益。這個人似乎認為「神也無法講述自己所研究的宇宙理論」。並且，他還說「地球人敵不過外星人」。雖然霍金博士的表面意識不想承認外星人的存在，實際上卻認為「下一代的神將從宇宙現身」。若是新的支配者降臨，教導地球人各種知識，地球人不就是會淪為奴隸階級呢？

司儀：或許他的潛在記憶當中，尚留存著過去自己的星球被征服的記憶，所以才會變得如此悲觀。

大川隆法：既然是逃出來的，難免會變得如此。或許也正是因為這樣，他才會主張「地球亦將面臨同樣的狀況，你們也得趕快逃命」。不過，他當時能成功地逃離出來，也代表他具備著那般高度文明。話說回來，至今的外星人靈性解讀，可曾出現螳螂型外星人？

司儀：不，沒有出現過。

大川隆法：是新物種嗎？

司儀：對，是新種。

大川隆法：很高大的螳螂啊！

司儀：沒錯。

大川隆法：原來螳螂也有其淵源啊！原來如此。過去確實曾聽過「有一種身形達兩、三公尺的螳螂型外星人」之類的消息，這種類型的外星人還真的是存在啊！不過，他所述說的未來，著實地灰暗。這個人（霍金博士）僅憑藉著彼此科學技術的差距，即判定出結果。

司儀：如果他待過的星球曾擊退過惡質爬蟲類型外星人的話，會不會他的想法就會不一樣了呢？

大川隆法：不過，他還提到了「發生福島核電廠事故時，日本人無法逃到國外，全日本對輻射是那般地百般恐懼，但卻無法想像萬一遭受核武攻擊時會變怎樣，這樣的日本人真是愚蠢」，也提到「地球人無法想像外星人是如何看待地球的」。

簡單來說，他認為「缺乏想像力之人就是拙劣的」。（對提問者說）真是對不起啊！難得你們抱持著善意接觸，卻被當做是邪惡外星人的爪牙。

司儀：現今兩位堅守著保護地球的立場，沒有那種事情。今天獲得不少寶貴的研究材料，今後我們將繼續研究對策。

大川隆法：或許有必要針對螳螂型外星人重新研究一番。他們是怎麼樣的外星人呢？這是我第一次知道有這類型的外星人，說不定數量意外地少。感覺氣氛變得有些沉重。早上的靈性解讀，就於此告一段落吧！

司儀：非常感謝您。

大川隆法：辛苦了。

注一　利安托・阿爾・克萊德（Rient Arl Croud）是約七千年前古代印加帝國的國王，愛爾康大靈的分身之一。屬於九次元的存在。當時他對將外星人崇敬為神的印加人們，明確地表示「外星人並非是神」，並引導人們重視心的神秘世界。參照《太陽之法》（華滋出版）第五章。

注二　愛德加・凱西（Edgar Cayce）是美國的預言家、心靈治療家。在催眠狀態下，進行了各種各樣的靈性解讀，為人們提示了疾病治療法、解惑人生。愛德加・凱西靈魂的本體為醫療靈團之長沙利葉（Sarie，七大天使之一）。參照《永遠之法》（華滋出版）第六章、《愛德加・凱西的未來解讀》（幸福科學出版）。

注三　多貢人是來自天狼星附近星球的外星人族群，身體為藍色，外觀類似兩腳站立的狐狸。因遭受爬蟲類型外星人的侵略而離開故鄉星球，移居至地球。非洲的多貢族即是多貢人的後裔。參照《「宇宙之法」入門》第二章、《來自宇宙的訊息》第四章（皆為幸福科學出版）。

注四　以靈體狀態移居至地球的外星人，難以宿於地球人的肉體（胎兒）而轉生時，首先會進入人的肉體之內，以靈體之姿支配。如此狀態稱之為附體（Walk in）。參照《與外星人的對話》第二章（幸福科學出版）。

第二章

仙女座的總司令論述之「地球防衛論」

仙女座銀河（Andromeda）的總司令

於本章中登場的外星人，過去曾在仙女座銀河擔任總司令，保護眾多星球不受惡質外星人的侵略。據說曾領兵攻打位於麥哲倫星雲之爬蟲類型外星人之重要據點星球。參照《守護地球之「宇宙聯盟」》（幸福科學出版刊行）。

解讀對象　大川裕太

（兩位提問者分別以C、D表記，收錄於二〇一一年四月二十日）

Chapter II

1 詢問「仙女座總司令」的意見

自稱擔任侵略地球行動總司令「坎達哈」的靈人

大川隆法：

今天上午，我們從世界知名的宇宙物理學家霍金博士的潛在意識當中，召喚出外星人的靈魂，進行約兩個小時的對話（內容收錄於本書第一章）。然而，在對話的後半段，提問者們遭受到不小的壓力，彷彿感覺到宛如惡魔的壓迫。

最近（二〇一一年三月二十五日）收錄「老子的復活靈言」（參照《孔子的幸福論與老莊的本心，九韵文化》）的時候，老子全面否定提問者的想法，甚至有提問者「哭泣」的情形發生。今天上午的靈性解讀，在氛圍上與那次頗為接近。

靈性解讀結束之後，我感覺到「恐怕大家會越來越沒幹勁」，進而起了一個念頭「或許該聽聽其他人的意見」。本來心想「今天應該沒辦法了，還是就此暫歇」，然而總感覺到「有某種東西」就在附近，於是就在播放《正心法語》的CD時，果然有一位自稱是「霍金博士的指導靈」的靈魂現身。

這個靈魂用英語跟我說：「我的名字叫做坎達哈（Kandahar），我正是侵略地球行動的總司令。」據其所言，他們利用聲望如霍金博士這般的科學家，向地球宣揚「若是外星人攻打地球，抵抗也沒有用。科學技術差距過大，地球人沒有勝算，屆時應當自動繳械投降，以求存活」的想法。

實際上，宇宙是雙胞胎結構，除了表側的三次元宇宙，還有另一個相應的反宇宙存在，而坎達哈似乎與反宇宙的「負責者」有所關連。

藉由「靈性解讀大川裕太的外星靈魂」導正視聽

大川隆法：

自稱坎達哈之靈屬於外星人，性質或許不同於地球的惡魔，但依舊給人頗為難纏的印象。

起初我原本想派出一名弟子出面反擊，讓對方明白「信仰與傳道有其重大意義」。但考量到對方是起用的是世界知名的物理學家，來替唯物論、無神論撐腰，一般子弟的外星人靈性解讀，恐怕難以佔上風。

於是我決定進行大川家的守護神，也就是三男大川裕太的外星人靈性解讀，藉此與其正面對抗。此人遇上「侵略地球」相關情事，總會特別亢奮，或許他能給出漂亮的反擊。

總而言之，確實有群人鎖定地球為攻擊目標。

霍金博士的外星靈魂認為「保護地球的宇宙聯盟不夠本事，爬蟲類型外星人一打過來，宇宙聯盟就會腳底抹油逃走。所謂抱持信仰的爬蟲類型外星人，也不過就是他們的掩護」，逐一推翻提問者的意見，不斷強調「地球人只有逃跑或躲藏兩種選擇」。

不僅如此，更否定神的存在與心的力量，揚言「神早在西元十八世紀就死了」之類的論點。終究不能夠讓這番言論繼續發酵，所以我想還是該聆聽那些實際對付邪惡外星人這方的意見。

接下來就要首次公開舉行「靈性解讀大川裕太的外星靈魂」。前幾天曾在當事人不露臉的情況下，收錄過靈性解讀的影像（《守護地球的

「宇宙聯盟」》第二章），記得當時他還提及「宇宙當中存在著『黑暗帝王』」。

那麼，我就要呼喚出大川裕太的外星人靈魂。（對大川裕太說）請你輕輕地合掌。

（雙手合掌，閉目。約三十秒的沉默。右手伸向解讀對象）

住在大川裕太心中的外星人靈魂啊！住在大川裕太心中的外星人靈魂啊！請浮現至表面意識，告訴我們應前進的方向。

住在大川裕太心中的外星人靈魂啊！浮現至表面意識，指點現今聚集在幸福科學的人們應前進的方向。

請教導我們在面對宇宙時代來臨時，應抱持何種心態。

並且請指導我們該如何應付那些對地球抱持惡意或侵略意圖的人們。住在大川裕太心中的外星人靈魂啊！請浮現出來，告訴我們你的真心。

（約五秒的沉默）

或許你（大川裕太）可以自己講述靈言。

（約十秒的沉默）

如果感覺詞彙量不足，可以由我來說，可以說話嗎？

大川裕太：我可以……。

大川隆法：嗯？

大川裕太：還是拜託您好了。

大川隆法：那就由我來說嗎？

大川裕太：是。

大川隆法：這樣啊！那麼，大川裕太的外星人靈魂，請來到我這邊。

（雙手合掌，閉目。約十秒的沉默）

2 「霍金博士指導靈」的真面目及企圖

坎達哈是「宇宙邪神」手下的其中一個司令

仙女座銀河的總司令（以下略記為「總司令」）：嗯～～。

C：今天非常感謝您的前來，請教您是大川裕太先生的宇宙靈魂嗎？

總司令：正是。

C：其實今天早上我們召喚了霍金博士的宇宙靈魂，收錄了靈言。但在錄完之後，一位自稱坎達哈的靈魂出現於大川總裁先生的身邊。這位靈魂說自己是地球侵略行動的總司令，也是霍金博士的「指導靈」。您是否清楚這個靈魂的來歷？

總司令：我想他應該是我長年對抗的其中一人。我輾轉於宇宙各地，在許多地方都打過仗，如果他們把地球視為下一個目標，那就有必要加強防衛。我想那個時期逐漸接近了。我們曾在各種地方打過防衛戰。不只在仙女座星雲，昴宿星、織女星、半人馬星，都曾打過防衛戰。這個靈魂應該是「阿里曼」（Ahriman，宇宙邪神）底下的其中一個司令，而我則是曾經打敗過他的人。

C：您說坎達哈是「阿里曼」底下的一個司令官，這個人在過去的歷史中，曾出現於何處過？又做了什麼事呢？

總司令：我想現在他是為了侵略太陽系而來。記得我曾在半人馬座與他對峙過。

C：這個人的能力如何呢？或者是問，根據這個靈魂的特徵，他會從哪裡下手呢？

總司令：

他會煽動對方的恐懼心，藉由恐懼心來支配人類。也就是說，他最擅長的武器並非是「外星人本身的能力優勢」，而是他們會「煽動人類對於外星人的恐懼心」。

他們以自己科學技術極端優異為賣點，讓地球人感覺到「自己絕對敵不過外星人」，意圖於最初階段創造有利局面；這就是他們的盤算。

但我絕不認為無法贏過他們。世間的科學技術，終究僅是道具。既然他們全面否定神、信仰、佛國土烏托邦的觀念，那麼就更應該將他們給排除掉。

他們是宇宙當中的邪惡勢力，你們可以把他們視為電影《星際大戰》中黑武士的同夥。

「仙女座銀河的總司令官」想像圖

C：聽從西斯（Sith）命令行動的黑武士？

總司令：對，就類似那種感覺。

C：相當於西斯的「宇宙邪神」是否是隱身起來，給坎達哈各種靈感？

總司令：嗯，可以這麼說。若要一一親自指導，就沒辦法做其他工作，我想他僅是給予命令而已。不過，地球正遭遇危機，這恐怕是不爭的事實。

C：對於愛爾康大靈的存在，坎達哈是否有所認知？

總司令：應該是曉得的，只不過他好像認為「當地球上絕大多數的人都投降時，即便愛爾康大靈也無計可施」。

C：容我重新談回稍早的話題。聽完早上的對話，可能有些人會感染上悲觀、負面的想法。為了解除如此狀態，想要請教您幾個問題。首先，霍金博士的宇宙靈魂主張「不必指望行星聯盟救援地球，因為他們沒本事，馬上就會逃跑」。關於這點，您的看法如何？

總司令：沒有那回事！這就幾乎等於在說著「殘忍的領導者很強，有德的領導者很弱」。也就是在說「有德、慈悲、知體恤的領導者太弱，反而凶殘而冷酷的領導者才有辦法使人民因恐懼而聽話」，他大概是這個意思吧？

C：是。

總司令：

不否認確實有人抱持這樣的看法，但我並不贊同。

織女星、昴宿星、其他行星聯盟人們，皆心懷愛與慈悲、體貼與和諧，以及會欣賞美麗事物，並且與那些想要攻擊地球的人們相比，其科學技術也並非比較拙劣。

另一方面，他們認為「抱持著愛與慈悲之心是很軟弱的，且是自己的弱點。反倒透過恐懼心來加以支配還更為有力」。他們以為「透過恐懼心來掌控人類的心，那些和諧與德性的力量自然不成氣候」。

這就是所謂的馬基雅維利主義，提倡「君主論」的馬基雅維利認為「與其博取人民的尊敬，不如讓人民畏懼，反而更容易控制」。

簡單來說，他們認為「展示出壓倒性的力量，就能讓對方畏懼從命」。

「宇宙規模的傳道」是我的工作

C：還有另一件事想請教，霍金博士的宇宙靈魂也說到「不可去相信那些抱持著信仰的爬蟲類型外星人」。據聞您在過去的轉生經歷當中，在與爬蟲類型外星人對戰之後，讓他們改變想法，成為了抱持著信仰的爬蟲類型外星人，並且成為志同道合之士。他完全否定這抱持信仰的爬蟲類型外星人，對此不曉得您有何看法？

總司令：

宇宙當中有著各種不同的生命體，既然宇宙當中存在著一定數量的爬蟲類型外星人，我想這就代表了偉大的宇宙根本佛，許可其被創造出來。

的確，爬蟲類型外星人在性格方面很難應付。

然而，大家都很對肉食性野獸感到很害怕，但這樣的生物不也是存在於世間嗎？

打個比方說，假如「僅限草食性動物存在，沒有肉食性動物」，這便會導致草食性動物變得跋扈，因此肉食性動物也有其使命。

同理，爬蟲類型外星人亦藉由競爭的原理，具備促進「進步」的功用。他們的存在同樣受到佛的許可。只不過，縱然獲得佛的允許而存在，仍須依循一定的法則，不可越線。我認為他們仍舊有著於協調的宇宙中生存下去的宿命。

因此，對於那些舉止超出限制，仗著自身力量，意圖將其他人推至奴隸階級以隨意支配之人，必須要加以折伏才行。也就是說，「宇宙規模的傳道」至關重要。

負責如此宇宙規模傳道工作的正是我，我主要即是從事這類的工作。

我雖然不是霍金，但我能理解他所說的「能夠殘忍冷酷地攻擊，這是自己強大、有著優越科學技術的證明」。

因此，雖然我們在防衛面上很強，但現今我們所從事的工作，是在廣大銀河的各個地方，一一反擊他們所做的攻擊，並且給予衝擊，進而迫使他們反省己心。

他們會攻擊那些他們認為「弱勢」的地方，而我們收到該地發出的求救信號時，即會前往救援。

由此來看，宇宙聯盟並不僅限於前來地球支援的八組或十組的成員，實際上還與更龐大的聯盟攜手努力。

「敗給恐懼心」最是要不得

總司令：

宇宙是在神的力量下獲得支配，而非是置於邪惡的支配。所謂的邪惡，只是在神沒有看到的情況下，一時之間的繁殖。

即便他們說著自己是來自肉眼不可見的反宇宙，但觀察他們的舉止，就好像土撥鼠從草原的洞穴中跑出來，到處作惡的感覺。雖然會趁機跑出來，但實際上並無足夠力量堪以正面對決。

明明僅是有著偶爾冒出來偷襲他處的力量，卻常常煽動人們的恐懼心，「該不會整個地球都會被他們掌控吧！」藉由讓人們有著如此恐懼心、幻影、妄想，屆時只須讓三艘大型幽浮現身，就能讓很多人舉白旗投降。

特別是現今日本的政府（笑），來一艘幽浮停在首相官邸上空，大概馬上就會升起白旗。

所以，敗給恐懼心是是最要不得的。

C：心的力量不可或缺。

總司令：對，氣概、勇氣、正義，這些絕不可捨棄。人是超越世間生命的永恆存在，對此永不忘卻，乃是那般氣概與正義的原點。若是認為「人僅有這一世的生命」，難免會因為怕死而只想求饒，然而若是抱持著「人是活於永恆的生命當中」的想法，即能為了正義而戰。

現代人思想受「宗教不敵科學」之想法毒害

C：也就是說，只要我們抱持著信仰、心的力量、精神力，面對那些外星人的侵略，最終即不會落敗？

總司令：

所有人齊心協力，一同抱持著「要擊退外敵」的堅定信念至關重要。

所有的地球人以及站在地球這一方的友好外星人們團結一致，堅守「不允許邪惡外星人略奪地球」、「不讓地球成為侵略者們的殖民地」、「不受那些人殘害」的信念，他們就會變得無法支配地球。

這道理應該能很容易明白。

譬如，上百位的人們覺醒於信仰且抱持著深厚信仰心，其堅定程度達到了「不原諒否定神佛之人！」而這些人齊聚在一起的地方，即便來了一位自稱是科學家的無神論、唯物論者進行演講，亦無法動搖任何一位聽眾的心。如此一來，對於如此群眾毫無反應的情形，這個科學家自會感到失望，只能摸摸鼻子回去。

反過來說，若是聆聽演講的人內心不夠堅定、有機可趁，就會因為「聽說這個人在知名大學擔任教授」，而開始聽信其說詞，導致內心產生動搖，逐漸失去防備；這即是他們所要的結果。

C：也就是說，即便是抱持著信仰的人，在對於科學事物的認識上，也有可能出現縫隙嗎？

總司令：

這是有可能的。近年來，在幸福科學當中，在「醫學」與「藉由宗教治病」的議題上，想法也出現了碰撞。

雖然藉由信仰疾病能得以治癒，但另一方面，也有人認為「就醫學而言，那是不可能的」。此時就會出現與唯物論醫學衝突的情形，但在歷史上，「藉由信仰痊癒」的例子，早在醫學形成之前便在所多有。也就是說，事實就是事實，沒有否定的餘地。

即便現代法律或政府認定只有醫生能夠治病，但依舊無法否定「藉由宗教疾病得以痊癒」的歷史事實。

醫學是科學的一部分，而說到科學，也是一樣的道理。

「科學是最強大的力量，宗教終究敵不過科學」、「中世紀時期的人們受宗教禁錮而陷入不幸，因此形成悲慘的社會。幸好其後藉由科學的興盛，人們獲得解放，真正變得自由」，如此教科書式的說法，普遍存在於現代當中。

許多媒體記者均受此說法毒害，站在教育者地位的人也不例外，也有很多熟練於世間常識之人，也信奉著如此說法。

就像這樣，只要冠上科學之名，就一定會有很多人認為「那凌駕於宗教之上」。為了打破如此迷妄，我想大川總裁才會將宗教名稱取為「幸福科學」。

「二〇三七年侵略之說」是他們的「事業計畫」

C：此外，霍金博士的宇宙靈魂揚言，在對幸福科學有著巨大意義的二〇三七年，「爬蟲類型外星人將大軍壓境，短時間內占領地球」。

注 在《覺悟的原理》〔幸福科學出版〕當中，作者自身描述到「預定於西元二〇三七年三月春天，在櫻花綻放七分之際，我將離開世間」。

總司令：

我想這正是他們為了煽動恐懼心的策略。

最近主曾說過「或許我的壽命，也就是進行宗教活動的年份會延長」。（二〇一一年四月十七日，小倉支部精舍說法的提問時間提及。）

但即便是如此，當人們在聽到「在主於世間活動結束的二〇三七年，將會有大軍壓境，襲擊地球」的說詞時，難免會陷入恐慌。畢竟「主隱世而去，外星人大軍來襲，支配地球」如此劇本實在是太慘烈了。

所以，我想他是刻意說那個時間點吧！

C：原來如此。這麼說來，他那麼自信地說自己能看見所有未來，進而所講述的預言，都是經過算計的，目的是為了煽動我們的恐懼心……。

總司令：我想那不過是他們的「事業計畫」。

C：（笑）原來是「事業計畫」。

總司令：沒錯，要把計畫稱之為「預言」，確實是他們的自由。「事業計畫」並不難設計吧！（笑）但要搞清楚，他們只是自顧自地描述「自己建構的『事業計畫』」，其他人要不要予以認同就是另外一回事了。

小半人馬星人實為「類似小灰人的生化人」

C：緊接著，我想請教那些人的真實身分。首先，今天上午現身的小半人馬星人，也就是被「黑武士」使喚的他……

總司令：他的樣子很像假面超人。

C：是，聽他所說的內容，我怎麼想他其實只是小灰人。

總司令：不，與其說是小灰人，不如說他是生化人。

C：生化人？

總司令：長得像「假面超人」的生化人。或許位階比小灰人高一些，基本上還是同一派的。

C：類似複製人或機器人？

總司令：差不多，有人為介入的痕跡。

C：嗯？

總司令：也就是說，並非是自然的生物，接受過某種程度的改造。

「長得像大蜘蛛」的坎達哈

C：那麼這個相當於黑武士，自稱坎達哈之人，是來自哪個星球的外星人，又有著何種身形呢？

總司令：可以確定他是被創造用來做邪惡勢力的爪牙，但其真實樣貌仍難以得知。就正如同黑武士那樣，隱藏自己真實身分，不隨便露出真面目。

C：您也沒有看過他的真面目嗎？

總司令：是，就像黑武士一樣，總是遮掩著自己的樣貌。黑暗勢力的司令，總會用各種方式掩飾，不讓外界看到其真面目，因為這樣反而會讓人更害怕。他為了煽動他人的恐懼心，用黑色的戰鬥服把自己包起來，躲在面紗之下。

C：無法推測這類人的樣貌嗎？

總司令：倒也不是沒辦法，就我推測，大概就像日本六本木之丘的那隻大蜘蛛那樣。

C：六本木之丘的大蜘蛛？

總司令：在六本木那裡不是有著一個裝置藝術，以金屬製成的大蜘蛛以八隻腳站立嗎？我想他長得就像是那個樣子。

C：所以是生物囉？

總司令：是啊！雖然算是生物，但仍具備某種程度的變身能力，所以也有辦法變身成人類的樣子。

惡魔厭惡「宇宙之法」被述說

C：霍金博士的宇宙靈魂自稱「來自小半人馬星」，那麼坎達哈是否也與半人馬星有淵源呢？

總司令：不，這個人在宇宙中的活動範圍更廣。

C：他為何在此時期現身地球呢？難不成是轉生到地球了嗎？

總司令：你是指誰？

C：相當於黑武士的坎達哈。

總司令：

這其實與幸福科學開始講述「宇宙之法」，導致宇宙的秘密逐漸為人所知的情形大有關係。

好比說，當靈界的秘密被揭露，地獄界的真相與惡魔們的真面目曝光之後，他們的行動就會受到限制，因為人們逐漸瞭解到「惡魔勢力範圍」為何。

相同的道理也適用於宇宙的層級。

也就是說，因為幸福科學現今向世人宣導「或許有人認為『外星人都是善良的』，或是『外星人都是邪惡的』，但實際上兩方都不正確。行善的外星人與作惡的外星人皆存在於宇宙之中」，因此，他們才開始試圖阻礙人們正確地認識外星人。

邪惡的外星人試圖建立「否定神佛信仰之科學信仰」

C：也就是說坎達哈並未轉生至地球，而是來自反宇宙的靈性存在？

總司令：他沒有轉生至地球，但是他時常進出於地球。

C：喔，原來是這樣。

總司令：我想他常常來到地球……。

C：他有做為人類的經驗嗎？

總司令：他既然能跑去霍金那邊，所以我想他與地球的接觸恐怕不只這一次。

在宇宙物理學家或是其他科學家當中，有許多是唯物論者或無神論者，他們一定很高興能取下神的首級。他們認為「十八世紀時神已死」。「神的地位早在康德之後便已崩潰」、「法國革命以來，神被送上斷頭台」，現今人們不是都有著如此想法嗎？也就是說近代化始於對神的否定，尼采也說過「神已死」。

C：是。

總司令：

科學家們為了證明「神已死」，使盡渾身解數。譬如，他們試圖操縱基因打造複製人，如此醫學的研究不都是對神的挑戰嗎？

假如是以神為大前提的醫學與科學，自然是越進步越好，但他們認為「不需要神也能進步」。

換句話說，這些科學家打算將「自己能夠取代神」的概念，塑造成一種信仰。如此做法，將對世間有著廣泛影響。

C：原來如此。也就是說，坎達哈們於最近幾個世紀持續給予科學家靈感，積極地擴展唯物論？

總司令：

對，正是如此。所以，在某種意義上的科學信仰，現今已經被建立起來了。並且，如此科學信仰試圖全面否定自古以來對神佛的信仰。

例如，馬克思主義即為唯物論、無神論的起源之一，而現今科學信仰的風潮甚為流行，他們想要取代神佛信仰，創造一種對於科學的信仰。

簡單來說就是，他們想要以科學做為判斷事物的基準，只是要非科學之事，就一律歸類為迷信。

在這般說法之下，幾乎所有的宗教都不符合標準。譬如，「佛教的教義並非來自佛陀親身說法，所以全都是偽經」這類說詞，皆會被他們拿來用於攻擊宗教。

C：原來如此。

坎達哈的「惡魔階級」在盧西弗之上

C：至今就我們的認識，地獄界的最大頭目即是盧西弗，那麼坎達哈與盧西弗之間是何種關係呢？

總司令：盧西弗的影響力僅限於地上界，也就是這個地球，但坎達哈的勢力超越了地球，他的活動範圍差不多就是你們所認識的銀河系大小。

C：是否可以說，坎達哈「統治著」銀河系中的地獄世界？

總司令：嗯～銀河……。總之就是宇宙當中邪惡的根源之一。

C：也就是說，黑暗帝王的司令官負責掌管一個銀河系？

總司令：不，銀河裡面住了很多外星人，外星人居住於各地，進行政治、軍事方面等各種統治，其中難免會出現許多惡性的人類指導者，這些人類的內心就會被外星人入侵。也就是說，他超越了地球的層級，在各個領域給予「指導」。像盧西弗那般人物，實際上存在於許多星球。

C：就連盧西弗亦受他的影響？

總司令：嗯，就惡魔階級而言，他在盧西弗之「上」。

C：在某個意義上他屬於盧西弗信奉的對象？

總司令：確實如此。

以科學為名的「現代惡魔」正在誕生

總司令：不過，盧西弗這類人均屬於古老的惡魔，對於相信宗教的團體或組織而言，其名字十分具威脅效果，但是對於新世代的人們已逐漸失去效力。

C：是。

總司令：針對那些不受盧西弗之名號威脅的人們，縱然霍金總有一天會死，惡魔以這些科學家的名字出現於世會很有效果。

C：這麼說來，坎達哈正在逐步打造盧西弗等級的新的惡魔囉？

總司令：沒錯，我想他有此意圖。

C：現代已經出現許多這類惡魔了嗎？

總司令：對，這個時代正是他們打造這類惡魔的最好機會，只有在地球即將踏入宇宙時代的這個時期，才能順勢打造出新的「宇宙層級的惡魔」，這在過去時代是辦不到的。盧西弗已經是舊時代的惡魔了，現代惡魔的型態已徹底改變。

C：相較於坎達哈，盧西弗的力量已經……。

總司令：當然，盧西弗還是會出現於像幸福科學這樣的團體當中，但在現代當中，他只能出現或存在於教會等級的世界，對那些不相信盧西弗之名的普通人，無法發揮影響力。然而，如果讓人們相信科學家們，惡魔即能藉此產生影響力。

C：是。

總司令：愛因斯坦雖然是科學家，但他有著信仰心，牛頓也有著信仰心。但是，隨著科學發展，逐漸出現許多背離信仰的科學家。康德也有著對神的信仰，但繼承康德思想的哲學家們當中，卻出現了許多對神持否定態度的人們。換言之，他們巧妙地讓人們陷入陷阱，創造了以科學為名的「現代惡魔」。

C：原來如此。

藉神秘思想與信仰心，對抗唯物論的增生

總司令：不可否認地，唯物論確實對世間生活的便利性有所貢獻。

或許在印度等許多國家，還有許多人只能以步行前往聆聽演講，但現代已進入飛機、新幹線、汽車的時代。所以就這方面而言，無法全面否定唯物論。

C：是。

總司令：

交通的便利，終究需要科學技術充分發達。所以，科學具備著明暗兩面。

軍事方面也一樣。為了保護心愛的人們，需要軍事力量。也就是說，軍事武器具備著保護心愛的家人、同事、社會、國家人們的意義。但另一方面，軍事武器亦有可能成為侵略其他國家的工具。

就像這樣，無法徹底地否定唯物論，這其實即是我們的一個弱點。

因此，我們必須祭出神秘思想、信仰心，以對抗藉由科學發展而無限增生的唯物論，否則情況很快就會失衡。

3 分辨外星人善惡的要點

C：接下來想請您指教，往後透過外星人靈性解讀與外星人接觸時，應當注意哪些部分，以及分辨外星人善惡的要點。

確認「友好的外星人們是否認同」

總司令：

嗯～這個嘛！遇上新的知識時，確實經常難以判斷。簡單來說就是「此外星人是好人還是壞人」如此難以判別的情形會很常發生。

因為我們完全不了解對方，或者是初次接觸，所以對方有辦法騙過我們。

因此，基本上可以藉由那些已交流過某種程度外星人們的意見，確認他們是否認同此等外星人的說法。

避開單方面地信任與接納，多少需要進行審視，確認「願意協助地球人的外星人們是否認同他們的說法」。

判定基準為「心的內涵」與「信仰心的有無」

總司令：

今天霍金博士的外星人靈性解讀本應該是昨天就要進行的，但特別於今天稍早單獨進行了。我想此舉或許是因為有人認為「霍金博士是宇宙物理學領域的國際權威，不該將其內容與幸福科學的弟子並列，一併發行成冊」。但越是給予這般特別待遇，就越是難以判定其善惡。

然而，在世間當中，世界的權威不一定就是百分之百的良善、百分之百的正義、百分之百的頂尖。現代還有數之不盡的人，在完全不同的領域，獲得國際性的名聲。

「不受限於身體行動的不自由，依然成為世界級的知名物理學家」想必這也是霍金博士廣受推崇的原因之一。就像大川總裁在一開始所提到那樣，一般人普遍將霍金博士視為海倫．凱勒一般的存在，是一位克服各種障礙而揚名立萬的偉人。

然而，他是否真得是像海倫．凱勒那樣的人，終究只能檢視其心的內涵。

基本上，雙方心的內涵並不相同。只要去檢視他是否有著海倫．凱勒那般的心境，就能立刻得到結論。

實際上，霍金博士有相當大的程度認為自己是機械或機器人的同類。

除此之外，我也感覺到他將自己身體被病魔「侵略」的狀態，和地球被外星人侵略混為一談。所以，或許他有著被害妄想。

而他與海倫・凱勒之間決定性的差異即在於「他沒有具備信仰心」。基本上，他認為「即便沒有抱持信仰心，信奉科學之人比較偉大」。這和先前所講述的醫學的例子一樣，若是不小心的話，就有可能迷惑許多人。

他在早上說道：「神在十八世紀已死，接下來的神將從宇宙降臨。」也就是說，他認為「科學技術優秀者將成為新一代的神」。這是繼尼采之後所出現的想法。

如此想法非常危險。

盡力輩出更多抱持信仰心的優秀科學家

總司令：你們在創造愛爾康大靈文明之時，必須要讓眾多「抱持信仰心的優秀科學家」輩出才行。抱持信仰之人，絕不可因為鑽研科學而捨棄信仰。在這層意義上，建立學園、大學是一個不錯的方法。即便沒有去幸福科學的學園或大學就讀，「考進了理工科系，但自身是抱持著信仰而鑽研」如此之人的家庭成員是信徒的話，那也就沒關係。

C：是。

總司令：

「電力從電池的正極流向負極的現象與神無關、與信仰也無關」如此說法，或許真的是那麼一回事。

人們常常會將「自然現象」、「物理現象」掛在嘴邊。然而，就算主張「如此化學反應必定會產生，所以此為自然現象」，但依舊無法解釋「為何會有那般變化」。

例如，混合酸性與鹼性物質便會產生中和反應。結合氫與氧，將其點燃時即會引發猛烈的火焰並出現水，此為事實。但是，科學無法說明「為何會產生如此反應」。

「是否認同造物者的存在，或者是僅看眼前可見之事實，否認造物者的存在」這兩者之間，將出現巨大的差異。

若是不認同造物者的存在，即會出現非常傲慢之人。也就是說，科學當中存在著創造出傲慢之人的要素。

因此，越是進行科學教育，與此同時就必須進行信仰教育，兩方面都必須同時提高水平。

當然，在宗教當中學習，文科會越變越強，但接受幸福科學教義的理科方面的優秀人士，也必須活躍於世間才行。

畢竟，若是被他人認為「抱持信仰心的醫生、抱持信仰的科學家，皆是異端，都是內心脆弱，需要拯救之人」，這不是一件好事。

C：是。

總司令：所以，對於那些抱持著信仰心，研究科學技術或醫學的人們，必須要強而有力地跟他們說「請抱持著信仰心，取得諾貝爾獎」才行。幸福科學學園雖然很重視英語教育，但對於那些選擇攻讀數理方面的人們，必須要強力地說著「請抱持著信仰，取得諾貝爾獎！不管是去瑞典還是挪威，去把獎給拿回來！」過去的愛因斯坦或牛頓，都是抱持著信仰心的。

C：是，我明白了。

接下來容我們換下一個提問者。

4 勿過度重視「反宇宙」

D：今天非常感謝您的前來。我們相信「愛爾康大靈是宇宙的創造力，是大宇宙的根本佛」。愛爾康大靈是如何看待反宇宙邪神的，不曉得您是否有所瞭解？

總司令：

我認為或許還是不要太過於重視反宇宙。

打個比方，假設你擁有一間房子，自己住在裡面。但是，即便身為房子的主人，也不見得知道緣廊底下有什麼東西。畢竟沒人會成天鑽到緣廊下面，檢查裡面是否藏著非自己所有的東西。

而所謂的反宇宙，就好比住家緣廊底下的空間。自己平時「生活空間」以外的地方，就稱為反宇宙。「打開屋內燈光也照不到的地方」，我想「緣廊下的空間」很適合拿來比喻反宇宙。

所以說，即便自己是屋主，也不該有事沒事（笑）跑去「緣廊下的世界」，檢查有沒有老鼠躲在裡面。

平常沒發生什麼事的時候，不須採取任何行動，但當有老鼠在地板或牆壁鑽了個洞，闖進房子裡面亂跑，自然就會想辦法將其抓起來，此為理所當然的吧？不可能容許老鼠在屋裡遊蕩，所以便需要設置捕鼠器。又或者家裡出現了蟑螂，那就必須擺個捕蟑屋；正常都會這樣處理。

實際上，只需要在發現有東西從洞裡跑出來做壞事時，加以捕捉就可以了。

關於這方面，就跟《太陽之法》當中所敘述的一樣，「不要把地獄界當做有著很大的力量」。

《太陽之法》還寫著「所謂的地獄，如同愛的大河的河口部分。我們只是將淡水與海水混合的那塊區域稱為地獄」，我想那就類似於這樣的比喻。

因此，雖說是反宇宙，但若是將其看得過於強大，反而容易會犯下錯誤。

5 仙女座總司令認定的「正義」為何？

D：大川總裁所著的《救世之法》（幸福科學出版）當中，教導我們「慈悲乃是地球上所有生物的目標，世間所有具備生命者，皆須抱持著慈悲之心」。此外，在上一次大川裕太先生的外星人靈性解讀當中，提到了關於正義的定義，必須要重視愛與慈悲。當然，為了實現真正的正義，我們也很重視以行動表示愛與慈悲之心，但在此我想請您再一次教導地球人「何謂正義」。

判斷正義與否，只能透過檢視「指導者的心」

總司令：

關於正義的看法，若是從唯物論的角度來思考，確實有很多難以理解的部分。

例如，發生戰爭的時候，單看雙方作戰的行為本身，無法輕易論定哪一邊代表了正義。畢竟就軍隊而言，同樣都在發射飛彈、擊發子彈，無論哪一方都做著類似的事情。因此，欲判定是否為正義，基本上就只能透過檢視指導者之心，除此之外別無他法。

現今，對於非洲利比亞的內戰，歐美各國多有介入，但最終還是必須去檢視指導者的內心。

獨裁者為了維持自己獨裁體制與權力，也就是為了維護那種「一旦容許民主革命，自己就會死無葬身之地」的自保心態，因而操縱軍事力量，鎮壓人民。不可諱言地，單從法律角度來看「革命行為乃是極度惡劣的犯罪，就自己國家來說，鎮壓革命行為當然是正義之舉」，如此想法也是說得通的。

然而，出兵利比亞的英國、法國、美國等國家皆認為「可靠的政府不會派遣軍隊鎮壓、殘殺自家國民人民。現今利比亞政府，對於那些試圖以言論或抵抗運動而戰的民眾，派出了專業的軍人駕駛戰鬥機空投炸彈，這絕對是與正義背道而馳」。

也就是說，諸多歐美國家派兵介入內戰，是為了抑止那般對於民眾的戰鬥行為。或許看起來雙方所做的行為皆差不多，但他們抱持著心態卻不同。歐美諸國是基於「必須保護手無寸鐵的人民」之想法而出兵。

「我們不樂見該國寫下『擁有武力的一方，也就是軍隊這方永遠都是勝者，手無寸鐵的人民總占下風』的歷史。我們力求排除軍事影響，讓民眾脫離軍火的威脅，要求政府藉由對話或投票的方式，選出新的指導者」，這就是那些國家介入的目的。

然而，戰場上雙方的行為看起來全無出入。譬如，如果從格達費的角度來看，他即會認為歐美諸國所做之事就是「侵略行為」。

誠如此例，對於何為正義的判斷其實非常困難。終究還是要去檢視指導者之心，也就是檢視「指導者是以何種心態行事」。

「對民眾的態度」顯現出指導者之心

總司令：

《三國志》的時代亦是戰亂不斷。就像《三國志》當中時常描述的「藉由檢視每一個指導者，也就是將軍、大將或君主各自抱持何種心態，即能明白哪一方才是真正的正義之師」。

最簡單的方法即是檢視指導者「對民眾的態度」，觀察其態度即能了解他是抱持何種心態。

單看軍隊與軍隊之間，只能知道強者得勝，弱者落敗。然而，當著眼於「是否對民眾抱持著慈悲之心或德治之心、是否盡力避免無謂的流血」即能了解指導者的心態。

譬如《三國志》當中，劉備玄德的人氣至今不衰的理由就在於，他是堅守信義之人，並且他避免無謂的流血犧牲。

如此作為其實就是判定「正義」的根據之一。人民希望「由理想的君主治理」，如果發生戰爭，人民當然會希望如此君主的一方能獲勝。

雖然很難去描述判定正義的基準，但我認為你（D）方才所言「是否抱持愛與慈悲之心，尤其對於民眾能否秉持愛與慈悲之心」這確實非常關鍵。

當一個人坐擁龐大權力，很容易把民眾視為螻蟻，任意踐踏。所以必須去檢視「權力者越是身處崇高地位，或越是擁有龐大權力之時，對於那些弱小之人、受到欺凌之人、無力之人，是否能持續秉持慈悲之心以待？」此為判斷正義的基準之一。

因此，我認為戰爭當中亦有其正義。

在某種意義上來說，「他國軍隊介入本國事務就是惡劣行為」，如此說法有時說得通。當然，來自其他國家的軍人們，在戰場上也是暴露著生命危險。或許從利比亞政府的角度來看，美國等國的軍隊進入利比亞就是一種侵略行為，但是觀察雙方對於民眾的態度，即可分辨出哪一方才是正義。

日本「解放殖民地」之凜然正義實屬正確

總司令：

對於第二次世界大戰日本的戰役，亦有「善惡」的判定。

不可諱言地，期間部分地區或許有著過分的一面，但是在「試圖解放受歐洲列強支配的亞洲、非洲各國」之凜然正義，我認為那並沒有錯。

當時歐洲列強將亞洲、非洲諸國做為殖民地一兩百年，在那段期間原住民被當做奴隸買賣。他們不被當做是人，而是當做奴隸買賣。我認為當時日本將如此情況判定為「惡行」，如此想法當中蘊含著正義。

然而關於這一點，世人尚未給予正當的評價。

關於正義，必須要經常予以檢視。我認為，統治者不應將人視為工具或手段，並且認識到自己有著讓人們幸福的權利和義務，將人民視為佛子尊貴存在，在如此指導者下的統治方才是正義。

所以說，用這樣的方式進行判斷，應該是最為簡單。電視或電影只是重現前線戰況，這是很難讓人判斷「哪一方是正義，哪一方為惡」。

我想這是非常重要的一點。

D：謝謝您。

6　與外星人交流所應具備的心態

大川裕太：今後地球上的科學將會更為發展，並且跨入宇宙領域，我想與外星人交流的時代即將來臨。然而，我認為會出現難以判斷外星人善惡的情形，致使不知應該如何加以應對往後也有可能遭逢外星人的侵略，對此我們該如何對應，或者是應該秉持何種立場？能否請您詳盡地告訴我們？

抱持著「萬物皆宿有著佛性」的想法

總司令：

當然，若是現今地球被科學技術大幅凌駕於地球的外星人侵略，應該就無暇考慮善惡了。

不過，應該還是回歸到佛教的基本，抱持著「萬物皆宿有佛性」的想法。

透過最近的外星人靈性解讀當中，可以發現到宇宙存在著「抱持信仰的爬蟲類型外星人」。因此，只要告訴世人「爬蟲類型外星人，也有可能具備著信仰心」，人們即會了解到「爬蟲類型外星人的存在並非是一種惡」，他們僅是「戰鬥性比較強」而已。

同時審視「動機」與「結果」

總司令：

判斷善惡實在是很困難，若是涉及軍事與政治，最終即會出現結果責任。

因此，就有必要去檢視動機責任與結果責任才行。「當時是因何種動機，而做出那般行為？」、「其結果又是如何？」必須要從這兩個觀點加以檢視。

譬如，當年美國是為了防止共產主義如倒骨牌一般擴散而興起越戰，其動機或許是善的。但觀看其結果，當年美國對於非軍方人士的農民，加以慘烈的轟炸攻擊。戰爭期間大量地使用燒夷彈與化學落葉劑，給眾多平民百姓帶來嚴重傷害，就這結果而言，確實有其惡劣之處。因此，美國在這件事情上很難被判定為「完全的正義」。

並且，那場戰爭的後遺症波及至美國，嬉皮文化的流行、沉溺毒品人口的暴增，如此社會頹廢現象即是越戰的反作用力。

我想要說的就是，地球人與外星人的接觸，就好比是不同民族、無法理解對方、語言不通，文化、風俗、生活習慣皆不相同的人們碰在一起的感覺。

的確，單從外表來看，雙方會有著難以理解彼此的情形。僅看外表，一開始就刻板地認為「白人比黑人優秀」的如此偏見，也有可能會套用在外星人身上。

因此，如同我先前所言，必須要經常地檢視動機與結果才行。

拋棄先入為主的偏見，著眼於「發揮佛性的方式」

總司令：

此外，宇宙並非僅限於三次元宇宙，還有更高次元的宇宙。外星人在死後會回到靈界當中哪個次元，會因為各自不同的心境而有所差異。也就是說，即便外星人的樣貌各自不同，倘若是擁有同樣的心境，即會被認定為相同次元的存在。

我認為，終究其中存在著神佛的判定基準。

這必須要視為一個參考基準，在某種意義上，現今地球需要具備宇宙規模的宗教。

今天上午霍金博士的外星人靈魂，完全無法理解什麼是心的力量，也不知道什麼是向佛神靠近。他似乎僅關心科學技術的差異，然而終究還是存在著心的力量、心的層級。

即便身體是老虎的外型、蜥蜴的外型，或者是人類的外型、爬蟲類的外型，不管是哪一種外型，都有各自發揮佛性的方法。

譬如，雖然外型像翼龍般的爬蟲類型外星人，看起來很嚇人，但如果他是為了保護保護更多的生命，拼命地對外戰鬥的話，那麼終究應該要將其視為「正義的騎士」。

因此，捨棄先入為主的偏見，綜觀整體情況實為重要。

與外星人的文化交流，是「提升覺悟」的機會

總司令：

為此，做為和外星人進行交流的前一個階段，在地球規模之間必須要進行更廣泛的文化交流，並且認同各種各樣人們的價值觀。

長久以來，歐美人士認為「根據《聖經》記載，神用黏土捏製人偶，吹了口氣讓人偶獲得靈魂，就此創造出人類。而當時誕生的人類就是白人。另一方面，非洲的黑人們總是裸體過活，簡直跟猩猩沒兩樣，想必他們沒有寄宿著靈魂」。換言之，他們沒將黑人視為人類，所以過去才會將其當做奴隸使喚。

也就是說，人類總是會以外表來判斷。

然而，現今已有眾多來自非洲的黑人們，至美國的哈佛大學留學，並且取得優異的成績。這證明了過去的那般思想是錯誤的。實際上僅是環境不同、教育不同的問題。

目前地球上的差異程度，僅止於「擁有同樣的人類外貌，只是膚色、體型、語言不同」，但往後地球人將遭遇到外表差異更大的人們。

因此，地球人必須培養更大的認識力、包容力、觀察力。

換言之，從人類的角度來看，與外星人接觸，自身的覺悟幅度會變廣、見識會提高。

現今地球雖將迎來合而為一的時代，但做為下一階段的進化型態，

「藉由與地球人以外的對象進行交流，以提高覺悟」的靈魂修行即是今後的課題。

接下來即會進入如此階段，現在是處於過渡時期。

現在雖然是以打造地球規模的烏托邦為目標，但今後人們必須能夠回答出「與其他外星人共存的佛國土烏托邦為何種模樣？」往後即會進入這般時代，現今地球人已經走到如此階段了。

大川裕太：謝謝您。

7 講述「宇宙之法」的意義

推廣關於外星人的知識實為一種「保衛戰」

C：容我再提出一些問題。

回到前面的話題，現今出現於地球的坎達哈們的勢力，是不是邪惡勢力當中最強大的？

總司令：不，這點還無法肯定。今後會演變為何種情勢，尚需要觀察。現在不過僅前哨戰剛開始的階段。

C：那麼，除了這股勢力之外，是不是還有更多其他勢力試圖染指地球？

總司令：宇宙終究是那麼寬廣，有太多人在各個地方活動著。因此，沒那麼容易掌握到所有敵對方的整體戰略、戰術。

不過，你們不是從二〇一〇年就開始講述「宇宙之法」了嗎？

C：是。

總司令：

他們也「感知」到你們這番作為。他們其實害怕自己還沒開始採取行動，地球人就先普遍理解到外星人的相關知識，建構起判斷基準。

從地上界來說，人們普遍認識到善惡的基準，這對惡魔們來說是非常危險的。

「人類明白善惡的基準」或「知道惡魔的存在」，這對對方來說是有負面的影響。

同理，若是地球人理解到「宇宙當中亦存在著善惡基準，也有可能有著類似惡魔的存在」，這對他們來說不是一件好事。

我想一開始從宇宙來的人們，都想表現出一種自己即是神的態度。如果就這樣就能騙過地球人的話，我想他們就會這樣騙下去，但幸福科學在那前一個階段，就開始廣佈「宇宙之法」，給予地球人眾多知識。也就是說，某種保衛戰儼然已經開始了。

C：來自銀河系以外星球的外星人，有沒有可能也試圖侵略地球？

總司令：我想會有許多侵略勢力輪番出現，但他們也會看地球如何應對，進而感變想法。

年輕人當中將出現「開拓宇宙時代的科學家」

C：或許接下來的問題有點短視，我想請教二〇一〇年至二〇二〇年之間，地球與宇宙的接觸將有怎樣的發展。如果有可能會發生危機，我們會秉持正面思考加以對抗。

總司令：

首先，「知識就是力量」，「知道」本身就是一種力量，沒有比未知之物還要讓人感到害怕了。

譬如，若是認為「尼斯湖當中躲著一隻怪獸」，這的確會讓人感到恐懼，但如果知道「那僅是一種類似鯨魚類的生物」，就沒什麼好怕的了。又或者，證明出「那僅是某種大型兩棲類」，就馬上不覺得害怕了。

終究未知之事會讓人害怕，「對未知的恐懼」確實是存在的。

然而，知識就是力量，所以透過像今天這樣的「外星人靈性解讀」，努力於事前掌握到相關知識是很重要的。

我想終究會有很多人因此得到許多靈感，進而於科學技術上研發出各種事物。

C：原來如此。

總司令：也就是說，從現在的年輕人、國中生、高中生或者是小學生當中，會出現「新的科學家們」。他們會基於「外星人理所當然存在」的觀念，建構起新的思考模式。在目前的科學之下，外星人的存在尚未受到認同或證明，地位跟幽靈差不多。但是下個世代的人們具備著外星人確實存在的眼界，勢必會開拓出新的道路。

C：也就是說，在危機發生之前，我們還有一些時間？

總司令：

是，然而時間的長短，與地球人「重視什麼」有深切的關聯。

「地球即將跨入宇宙時代，開拓新疆域的努力至關重要」，若是秉持如此想法，明白應以國家層級來建構航太計畫的話，那麼諸多事物自然會有進展。然而毫無任何想法的話，自然就不會有任何改變。

不過話說回來，美國、俄羅斯（前蘇聯）、中國皆大力研發載人航太事業，但科學方面更為進步的日本，卻沒什麼作為，就一般常識來看，如此情形頗不合理。事實上，的確至今日本未以政府單位領頭，熱心投入航太事業。

我想那是因為日本政府認為，就經濟面來說，研究航太技術，無法替國家增加收入。

然而，描繪未來夢想的力量終究是必要的。

「多數人的善念」將成為抵抗惡質外星人的防護罩

C：做為對抗惡質外星人的武器，我們既有著「信仰主愛爾康大靈之心」，主亦賜予我們「擊退外星人秘鍵－現代陰陽道part2－」、「擊退惡質外星人祈願」。也就是說我們能藉助祈禱的力量與心念的力量來對抗，這些祈願對於外星人來說會起到何種作用呢？

總司令：

所謂的外星人並非只是機械，而是具備著高度知性的生命體。

不僅如此，他們不需要透過言語，靠心電感應即能進行各種溝通，從某種意義上來說，他們可在心的階段，交流彼此意見。這也就是說，他們接收訊息的裝置，同樣能夠感知到地球人的思想之力。

因此，他們能夠了解到「地球人是抱持著何種想法」。特別是多數人的心念，他們必定能感受得到。

譬如，假設各位踏入某個村莊，會透過自己的感受，既有可能認為「村裡全都是好人，不能做壞事」，也有可能感覺這個村莊像過去紐約哈林區，街上犯罪橫行。

與此相同，即便是外星人，一樣會受到當地人們心境的影響。所以各位必須聚集更多人的善念，這麼一來即能形成一種防護罩（屏障）。

關鍵在於，各位要認識到外星人是利用心電感應溝通，自然也能接收到地球人所散發的心念。

就算是你們，一整天接收負面訊息之人與一整天接受正面訊息之人，其生活方式也會不一樣吧？到別人家裡作客，感受到「快點回去」念波之人，以及感受到深受款待之人，這兩者的感覺應該會差很多吧？

所以基本上我認為，外星人也只想和能夠和平共存的對象一起相處。

「宇宙之法」將成為「『全球標準』的教科書」

C：在這層意義上，將「宇宙之法」推廣到全世界，其實有著非常重要的意義？

總司令：

正是如此。雖然「宇宙之法」對現今無法立刻派上用場，但勢必會在下一個時代成為「『全球標準』的教科書」。而現在就提早進行準備，可謂是非常具先驅性質的工作。

也就是說，實際上幸福科學已超越宗教的問題，正準備前往下一個階段。

地球人真正有能力送探測船上太空，深入進行宇宙勘查，這似乎還得耗費一段時間，然而各位已在現實當中，藉由靈性力量，解明許多宇宙間星球的知識。

這在某種意義上，是非常有效率的事。因為藉由這些知識，能事前選定調查目標，在科學調查上會變得更為容易。

8 「宇宙層級的進化」即為接下來的目標

不過度考慮「黑暗確實存在」

C：請容我提出最後一個問題。關於坎達哈幕後的黑暗帝王，我認為他從不「現身」，或許是因為他有某種弱點。他想避免與愛爾康大靈正面衝突，進而採取如游擊戰的模式……。

總司令：

你要知道，有光的地方，一定會有影子。有光明，自有黑暗。

不過，最好不要過度考慮「黑暗確實存在」。無論亮度多大的光，影子必定會出現。

若是想「消除陰影」而滅掉光源，最後只會讓所有事物都變得黑暗。此外，若是從各個角度投以光明，或許陰影就會消失，但那需要非常大的光量。

因此，我認為不要太過度考慮黑暗的存在。

秉持「『宇宙之法』必定會擴及於所有世界」之信念，並將「宇宙層級的進化」視為接下來的目標。與其認為「存在著黑暗」，不如認為「存在著背離佛之想法的退化靈性存在、宇宙存在」。

C：原來如此。

總司令：

實際上，的確可以將世界二分為「光明世界」與「黑暗世界」，但我認為基本上即便是太陽，只要距離越遠，光線就越難以到達。整個宇宙也是相同道理。

縱然有愛爾康大靈之光照耀，但如果出現各種遮蔽物，其後方即無法受惠。地球的地獄界也有照射不到光明的地方。或許地獄的底部能夠防止光線照射，各位不須將黑暗力量想得那般強大。

你想想，雲雖然能夠擋住陽光，但不代表雲比太陽還要偉大吧？

C：是的，我明白了。

總司令：聚集許多水滴或細緻冰霜而形成的雲，就能遮蔽陽光並製造出影子。然而，若是雲出現在極靠近太陽的地方又會變得如何呢？瞬間就會被蒸發殆盡吧！就只是這樣而已。因此，不要過分在意陰影的部分。

我期望地球人成為「宇宙的老師」

C：照您這麼說，若就「相對二元論」（注）的概念，我們可以認為黑暗的事物終將隨著時間流逝，慢慢進入光明世界，或者是光一元的世界嗎？

總司令：地球有其人口容納的極限，但是宇宙當中還有眾多星球有著居住的空間，我個人希望「在宇宙各地栽培優秀的人類」。如此心念，我推測和根本佛的心念基本上一致。我不希望日本或者是地球變為殺戮與悲劇之地，更不樂見人類成為外星人的飼料而滅亡，我反而強烈期待人類成為「宇宙的老師」，我深信那一天終將來臨。

宇宙之神已有「一千億年的歷史」

C：雖然有靈人預言地球的未來將變得灰暗，但我們相信自己的力量，必定要開創二〇二〇年之後的黃金時代。

總司令：

這樣很好。各位不要忘記「如此戰役並非是那般短淺視野的戰役」。我們是在過去幾億年、幾十億年甚至更長遠的歷史當中，經歷各種戰役，於宇宙當中拓展正義之人，我們皆是與愛爾康大靈同在之人。

在漫長的宇宙歷史當中，無數銀河之間，我們一直探究著「何謂真實」、「何謂正義」，累積了眾多經驗。雖然各自的環境各有改變，但我們總是將「在新的環境中，要進行何種靈魂修行」視為課題，不斷精進。

因此，我希望地球人勿在那般狹小範圍內過度驚慌，不要忘記「宇宙之神已有『一千億年的歷史』」。並且認識到「宇宙之神基本上通曉所有的事情」。

C：是，謝謝您。今天真的是非常感謝您。

大川隆法：（對大川裕太的宇宙靈魂說）好，謝謝你。

9 「大川裕太：外星人靈性解讀」的感想

大川隆法：以上即是「大川裕太 外星人靈性解讀」。這個冠上個人名字的外星人靈性解讀，可真是不得了。（對大川裕太說）你有什麼感想嗎？

大川裕太：真是個了不起的人……。

大川隆法：還說「了不起的人」，你好像忘記那就是你自己了（會場笑）。

大川裕太：是。

大川隆法：上午收錄靈言時，也是請靈人進入我的體內講述。不過，同為「召喚而來的靈人」，所說的內容卻是大相逕庭。方才那位即是本教團的守護神。

C：感覺幾乎是宇宙中最強大的守護神了。

大川隆法：還有另外一位接近是宇宙最強大之人，目前還不能判定他們哪一位比較厲害。那一位自稱「擔任宇宙聯盟的總司令」（參照《宇宙的守護神與織女星女王》〔幸福科學出版〕），雖然不能分出高下，但依然能感覺到他十分可靠。

我想雙方應該都具備強大的力量，肯定會站在我們這一邊而戰。

你認為是一個了不起的人？

大川裕太：是。

大川隆法：那太好了，未來充滿光明。〇〇先生（D）的辛苦也值得了。七年來的痛苦都……。

D：（笑）其實我沒覺得痛苦啦！（D先前隸屬宗務本部，長年陪伴在少年時期的大川裕太身邊。）

大川隆法：（笑）裕太可是有精力旺盛的一面。總之，再忍耐一段時間就好了，我想他發揮力量的時期就快到了。

C：我感覺到他認為「那惡魔沒什麼特別厲害之處」。

大川隆法：在他眼裡或許是不足一論。但想要從弟子當中，無法派出足以對抗此惡魔之人的情形來看，在某種意義上，那是一個大惡魔。他都說是比盧西弗更大的惡魔，或許就的確是如此吧！

C：是。

大川隆法：那終究是從他的觀點來看，「這點程度的對象，不過是自己曾趕跑過之人」。我期待裕太發揮力量的一刻。謝謝各位。

C、D：非常感謝您。

注 所謂「相對的二元論」，即是「在三次元地上界或靈界較下方的次元當中，很明顯地是善惡二元性，但隨著上到了高次元世界，漸漸地即會變成善一元。此外，現今被視為是惡，在長久時間的流動中，亦有可能轉變為善」之想法。參照《復活之法》（幸福科學出版）。

後記

科幻電影中有許多外星人侵略地球的題材，尤其今年又特別多了起來。估計有很多資訊或靈感，皆集中於好萊塢的業界人士。

透過本書可窺見「宇宙邪神」的樣貌及其意圖，同時書中亦描繪著為了維護宇宙正義而努力的「仙女座總司令」的姿態。切不可讓「恐懼」支配地球，不可忘記「希望」與「勇氣」將成為保護地球的力量。

二〇一一年八月三十日

幸福科學集團創始者兼總裁　大川隆法

國家圖書館出版品預行編目（CIP）資料

小心別被外星人綁架：霍金博士說:外星人即將侵略地球 / 大川隆法著；幸福科學經典翻譯小組譯. -- 初版. -- 臺北市：信實文化行銷, 2018.01
面；　公分
ISBN 978-986-96026-1-7(平裝)

1.外星人 2.不明飛行體 3.奇聞異象

326.96　　106025354

高談文化
CULTUSPEAK PUBLISHING CO., LTD
華滋出版 拾筆客 九韵文化 信實文化

更多書籍介紹、活動訊息，請上網搜尋 拾筆客

What's Being
小心別被外星人綁架－
霍金博士說：外星人即將侵略地球

作　　者：大川隆法
譯　　者：幸福科學經典翻譯小組
封面設計：黃聖文
總 編 輯：許汝紘
文字編輯：孫中文
美術編輯：婁華君
總　　監：黃可家
行銷企劃：郭廷溢
發　　行：許麗雪
出　　版：信實文化行銷有限公司
地　　址：台北市松山區南京東路5段64號8樓之1
電　　話：（02）2749-1282
傳　　真：（02）3393-0564
網　　站：www.cultuspeak.com
讀者信箱：service@cultuspeak.com

印　　刷：上海印刷股份有限公司
總 經 銷：聯合發行股份有限公司
香港經銷商：香港聯合書刊物流有限公司

2018 年 2 月 初版
定價：新台幣 350 元